Sistemas de Vuelo Automático en las Aeronaves (VOL1)

(Colección Mantenimiento de Aeronaves)

Dedicado a Pili, mi esposa.

Julio de 2013

Portada: *"Prototipo experimental **Grumman X-29**, ala en flecha progresiva con prolongaciones sustitutivas del estabilizador horizontal y canards para control de profundidad"*.

Imagen Superior: *"Ejemplo de Influencia de Flecha Regresiva en la Estabilidad Direccional. **B-52G Stratofortress**"*.

Se ha tratado de cubrir el vacío existente en la Formación Básica para el *Mantenimiento en Sistemas de Vuelo Automático* o *AFS*. En particular, va a ser ésta la documentación perfecta para Formación sobre el Conocimiento en "*Sistemas de Vuelo Automático: Piloto Automático, Director de Vuelo, Gestión y Entorno de Vuelo*", necesario para acceder a algunos de los módulos exigidos por la EASA Part66, para la obtención de las Licencias B1 o B2, además de a módulos específicos de los Ciclos de Grado Superior en Mantenimiento de Aviónica y Mantenimiento Aeromecánico.

La diferencia con respecto de otros libros sobre Vuelo Automático está en que éste no se centra en el uso de los Sistemas de Vuelo Automático en las Aeronaves, sino en su funcionalidad y, en particular, va dirigido a la Formación Básica para el Mantenimiento tanto en aviones, como en helicópteros.

Debido a la extensión del programa se va a publicar la obra completa por volúmenes.

En este primer volumen se van a tratar los temas de,
- "*Estabilidad y Control en las Aeronaves*".
- "Sistemas de *Control Automático y Servomecanismos en las Aeronaves*".

INDICE.

Indice .... III a IV
Generalidades 1
1 Estabilidad y Control .... 1 a 50
    1.1 Introducción a la Estabilidad 3
    1.2 Estabilidad Estática 8
    1.3 Estabilidad Longitudinal 9
        1.3.1 Influencia de la distribución de Áreas alrededor del Eje Longitudinal 10
        1.3.2 Influencia Posición Relativa Longitudinal cg respecto al cp ... 11
        1.3.3 Influencia de la Flecha 15
        1.3.4 Influencia de la Posición vertical del cg 16
        1.3.5 Influencia de la Posición de los Motores 17
        1.3.6 Alteración del Control Longitudinal 18
        1.3.7 Estabilidad Dinámica Longitudinal 19
    1.4 Tipos de Sistemas de Mandos de Vuelo 21
    1.5 Sistemas de Sensación Artificial 23
    1.6 Sistemas de Aumento de Estabilidad 24
    1.7 Estabilidad Direccional 25
        1.7.1 Influencia de la Posición del Estabilizador Vertical 27
        1.7.2 Influencia distribución Áreas alrededor del Eje Longitudinal . 28
        1.7.3 Influencia de la Flecha 30
        1.7.4 Influencia de la Posición de los Motores 31
        1.7.5 Alteración del Control Direccional 32
        1.7.6 Guiñada Adversa 33
    1.8 Estabilidad Lateral 34
        1.8.1 Efecto del Ángulo Diedro 36
        1.8.2 Efecto Diedro 38
        1.8.3 El Ala con Diedro Negativo 40
        1.8.4 Alteración del Control Lateral 41
        1.8.5 Estabilidad Dinámica Lateral y Direccional 42
            1.8.5.1 Divergencia Espiral 42

    1.8.5.2 Balanceo del Holandés 43

    1.8.5.3 La Barrena 44

  1.9 Peso y Centrado. Hojas de Carga 45

  1.10 Bibliografía Complementaria 48

Generalidades 51

2 Sistemas de Control Automático .... 51 a 107

  2.1 Introducción a los Sistemas de Control y Servomecanismos........ 52

  2.2 Sincros 54

    2.2.1 Funcionamiento Teórico de los Sincros 54

    2.2.2 Clasificación de los Sincros 57

    2.2.3 Interacción Funcional de Sincros 59

    2.2.4 Sistemas de Transmisión a Distancia 60

      2.2.4.1 Sistema convencional de DC o AC 61

      2.2.4.2 Sistema Autosyn 62

      2.2.4.3 Sistema Dessyn 66

      2.2.4.4 Sistema Magnesyn 67

    2.2.5 Sistemas Diferenciales 69

    2.2.6 Servosincronizadores 71

    2.2.7 Sistema de Telemando 73

    2.2.8 Aplicación de Sincros: Sistema DF-203 76

  2.3 Servomecanismos 88

    2.3.1 Servomecanismo de Control de Posición 88

    2.3.2 Servomecanismo de Control de Velocidad 89

    2.3.3 Respuestas de los Servomecanismos 89

    2.3.4 Amortiguamiento 91

      2.3.4.1 Amortiguamiento Viscoso 92

      2.3.4.2 Amortiguamiento Realimentación de Velocidad 92

      2.3.4.3 Amortiguamiento de Error-Velocidad 93

  2.4 Introducción a los Sistemas de Control Automático en Aeronaves . 94

  2.5 Compensación y Sincronización 97

  2.6 Anexo de Sincros 98

  2.7 Bibliografía Complementaria 101

Generalidades.

La evolución de los *Sistemas de Vuelo Automático* se nota observando la nomenclatura de acrónimos asociada. Los *Sistemas de Vuelo Automático* ("*Auto Flight System*" o *AFS*, en adelante) son una particularización de los *Sistemas de Control Automático* o *ACS*.

La aplicación de los conceptos básicos en *ACS* sobre la aerodinámica del vuelo y, en particular, sobre los conceptos de estabilidad y control de la aeronave, constituyen los requisitos previos para el desarrollo de todo *AFS*.

La evolución de los AFS se esquematiza en la siguiente propuesta:

1.	*ACS*	Automatic Control System	Sistema básico de control automático.
2.	*AFCS o FCS*	Auto Flight Control System	*ACS* aplicado al vuelo, considerando conceptos de aerodinámica y estabilidad
3.	*AFGS o FGS*	Auto Flight Guidance System	*FCS* que incorpora conceptos de control de vuelo (Autopilot).
4.	*AFDS o FDS*	Autopilot Flight Director System	*FCS* con funciones de Autopilot y Flight_Director
5.	*FMS*	Flight Management System	Sistema de Gestión de Vuelo, complemento del *FGS* o *FDS*.
6.	*FMGS*	Flight Management and Guidance System	Combinación del *FGS* y el *FMS*.
7.	*FMGES*	Flight Management Guidance and Envelope System	Incorporación de la función entorno de vuelo al *FMGS*

El *AFS* en esta obra va a describirse partiendo del estudio de los condicionantes básicos aerodinámicos influyentes en la estabilidad y control inherente a la aeronave, continuando con el estudio general de los *ACS* y servomecanismos. Entonces, se plantearán con detalle las funciones principales del *AFCS*, haciendo hincapié en la Percepción de Actitud basada en Giróscopos; concluyendo con el diseño del "*circuito de control interior*", utilizado para aumentar las prestaciones naturales de estabilidad de la aeronave, de forma artificial.

La incorporación de un "*circuito de control externo*" al circuito principal de aumento de estabilidad, permite el control automático de la aeronave o "*guiado*", cuya complejidad

Sistemas de Vuelo Automático

depende de los sistemas proveedores de datos internos y de navegación que esté utilizando.

Tras la descripción del *AFCS* básico, esto es, el *"Autopilot"* o *A/P*, se va a tratar el *Sistema Director de Vuelo* o *FD* (*"Flight Director"*), utilizado para tener en todo momento indicación de parámetros de trayectoria existente, así como, de desviaciones y órdenes de corrección de mando para alcanzar la trayectoria prefijada.

Vistos los constituyentes básicos de un *AFS*, se va a estudiar el *ATA_22* del Airbús A-340, aeronave que utiliza un sistema evolucionado *FMGES* y *Empuje Automático de Gases* del tipo *Autothrust A/T*.

Indice de Capítulos:

VOL1:
- 1. Estabilidad y Control
- 2. Sistemas de Control Automático.

VOL2:
- 3. Percepción de Actitud: Giróscopos.
- 4. Procesamiento de la señal de mando
- 5. Circuito de Control Externo.
- 6. Aplicación de la Fuerza de Control. Compensación.

VOL3:
- 7. Sistema Director de Vuelo.
- 8. Sistema de Vuelo Automático del Airbús A-340.

1. ESTABILIDAD Y CONTROL

- Introducción a la Estabilidad.
- Estabilidad Estática.
- Estabilidad y Control Longitudinal.
- Sistemas de Mandos de Vuelo.
- Sistemas de Sensación Artificial.
- Sistemas de Aumento de Estabilidad.
- Estabilidad y Control Direccional.
- Estabilidad y Control Lateral.
- Peso y Centrado. Hojas de Carga.
- Bibliografía Complementaria.

1.1 Introducción a la Estabilidad.

La Estabilidad es el estudio del movimiento de la aeronave relativo a un sistema de ejes ortogonales, cuyo origen coincide con el centro de masas *cm* de la misma. La resultante de fuerzas aerodinámicas alrededor de la aeronave da lugar, respecto de cada uno de estos ejes a una componente de fuerzas y un momento característico, que se describen del siguiente modo:

- Eje_Longitudinal X : Fuerzas de Alabeo y Momentos de Alabeo ("*Roll*").
- Eje_Transversal Y : Fuerzas de Cabeceo y Momentos de Cabeceo ("*Pitch*").
- Eje_Vertical Z : Fuerzas de Guiñada y Momentos de Guiñada ("*Yaw*")[1].

Cada uno de los momentos característicos definidos tiene signo (+ o -), en función de su sentido de giro alrededor de cada eje. De forma estándar, se utiliza el siguiente convenio:

---

[1] *Roll, Pitch* y *Yaw*, en realidad son ángulos de alabeo, cabeceo y guiñada, respectivamente. Se nombran como Actitud en alabeo, cabeceo y guiñada.

- Momentos de Alabeo (avión visto desde cola):
  - (+) alabeo a la derecha.
  - (-) alabeo a la izquierda.
- Momentos de Cabeceo (observando el morro):
  - (+) Encabritamiento: cabeceo hacia arriba.
  - (-) Picado: cabeceo hacia abajo.
- Momentos de Guiñada (visto el avión en planta desde arriba):
  - (+) guiñada a la derecha.
  - (-) guiñada a la izquierda.

Figura_1.1 B1_B Lancer.

Se dice que una aeronave es estable cuando la suma de momentos alrededor de todos y cada uno de sus ejes es nula $\left(\sum M = 0\right)$ y, además, en el caso de que aparezca alguna perturbación, la aeronave volverá por sí sola a su estado de equilibrio inicial.

La estabilidad se consigue con fuerzas aerodinámicas equilibradas, es decir, la resultante de fuerzas deberá pasar por el centro de masas de la aeronave, de manera que el momento total es nulo.

La estabilidad se estudio bajo dos aspectos temporales diferentes, dando lugar por un lado a la *estabilidad estática* y, por otro, a la *estabilidad dinámica*.

1. Estabilidad y Control

La Estabilidad se define como el estudio del movimiento de la aeronave fuera de su estado o condición de equilibrio.

Figura_1.2 A-3B Skywarrior.

Los dos tipos considerados de estabilidad se caracterizan por las siguientes propiedades:

- Estabilidad Estática: Se encarga del estudio del comportamiento inicial de la aeronave, una vez que ha salido de su condición de equilibrio. Puede ser, según la tendencia a volver, alejarse o mantenerse a distancia de su posición de equilibrio:

    ❑ Positiva o Estable (a).

    ❑ Negativa o Inestable (b).

    ❑ Neutra o Indiferente (c).

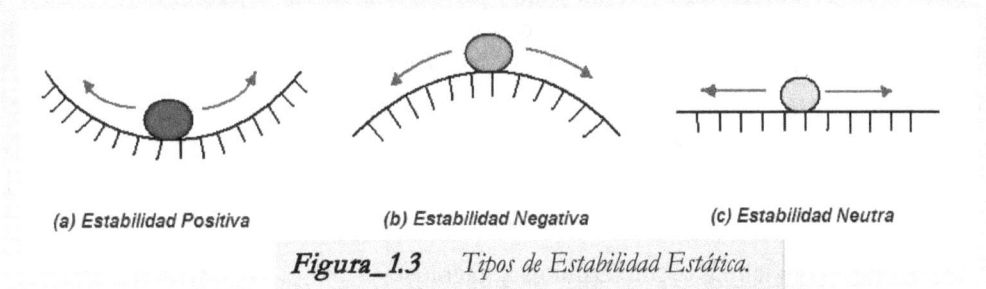

Figura_1.3 Tipos de Estabilidad Estática.

- Estabilidad Dinámica: Se encarga del estudio del tipo de movimiento a que da lugar el comportamiento inicial de la estabilidad estática de la aeronave. Cuando existe o se considera una variación en el tiempo de las fuerzas aerodinámicas, se habla de estabilidad dinámica.

  Al aparecer un momento sobre la aeronave, independientemente del comportamiento inicial de la misma, éste se podrá amortiguar, crecer o permanecer constante indefinidamente, con o sin oscilaciones.

  La estabilidad dinámica se puede encontrar en dos modos diferentes, en función de la frecuencia de la oscilación:

  ❏ No oscilante o No Periódico: frecuencia de la oscilación nula; el tipo de estabilidad dinámica, en cuanto a amplitud, va a coincidir con el tipo de estabilidad estática.

  ❏ Oscilante o Periódico: frecuencia de la oscilación no nula; el tipo de estabilidad dinámica, en cuanto a amplitud, no tiene porqué coincidir con el tipo de estabilidad estática.

  Dentro de cada uno de estos modos y, considerando como varía la amplitud, la estabilidad dinámica se puede definir como (Ver *Figura_1.4*):

  - ❏ Inestable (Negativa) o Divergente : Amplitud de la desviación, respecto de la condición de equilibrio, en crecimiento continuo.
  - ❏ Indiferente (Neutra) : Amplitud de la desviación, respecto de la condición de equilibrio, constante en el tiempo.
  - ❏ Estable (Positiva) o Convergente : Amplitud de la desviación, respecto de la condición de equilibrio, en disminución a lo largo del tiempo.

Una aeronave estáticamente estable puede ser dinámicamente inestable y, sin embargo, ser apta para el vuelo. La aptitud para el vuelo dependerá de que la frecuencia de la oscilación de la inestabilidad pueda dar lugar a resonancia o no:

- ❖ Frecuencias Bajas: No suele haber ningún problema.
- ❖ Frecuencias Altas: Aparecen los riesgos de rotura por sobrecargas y fatiga estructural.

En la práctica, la estabilidad dinámica interesa sólo respecto a cuerpos estáticamente estables.

El **Control** de una aeronave se define como "*la capacidad de respuesta de la misma a los mandos de vuelo*". Es decir, el Control siempre está relacionado con el Sistema de Mandos de Vuelo ("*Flight_Controls*" o F/C). Ver *Figura_1.4b*.

La **Maniobrabilidad** de una aeronave es "*la capacidad de la misma para pasar de una condición de equilibrio a otra diferente*". Es decir, la maniobrabilidad está relacionada con la mayor o menor facilidad para cambiar de condición de equilibrio.

- ➢ Control y Maniobrabilidad son términos sinónimos.
- ➢ Control y Estabilidad son términos antagonistas.

1. Estabilidad y Control

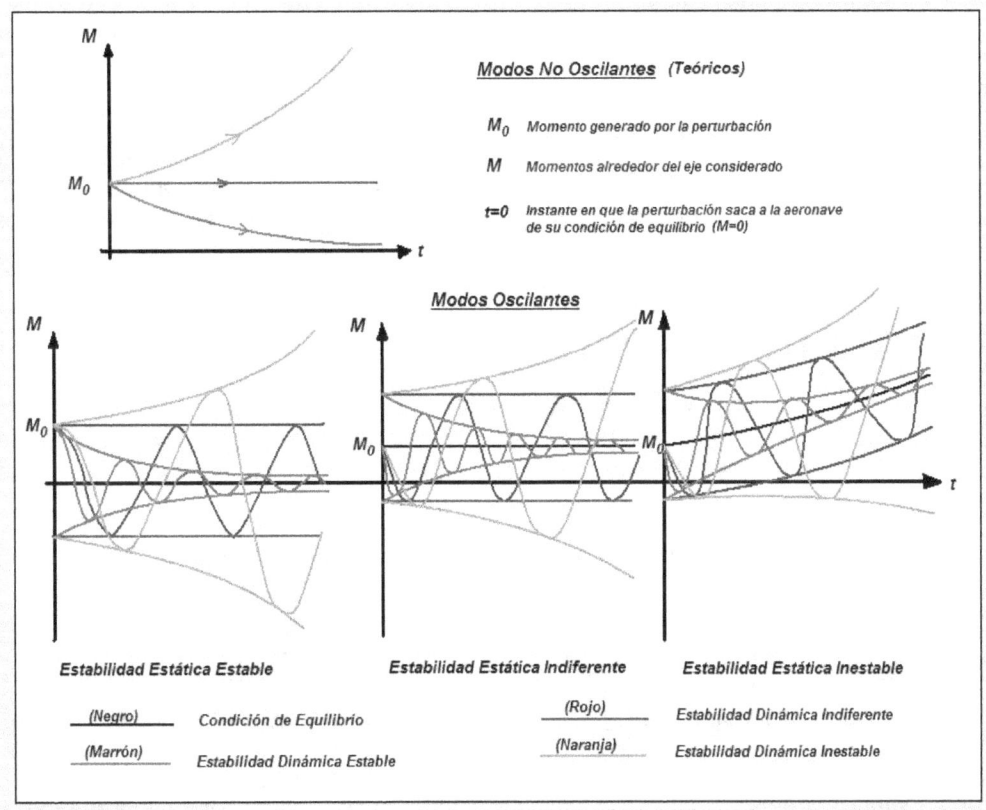

Figura_1.4 Tipos de Estabilidad Dinámica.

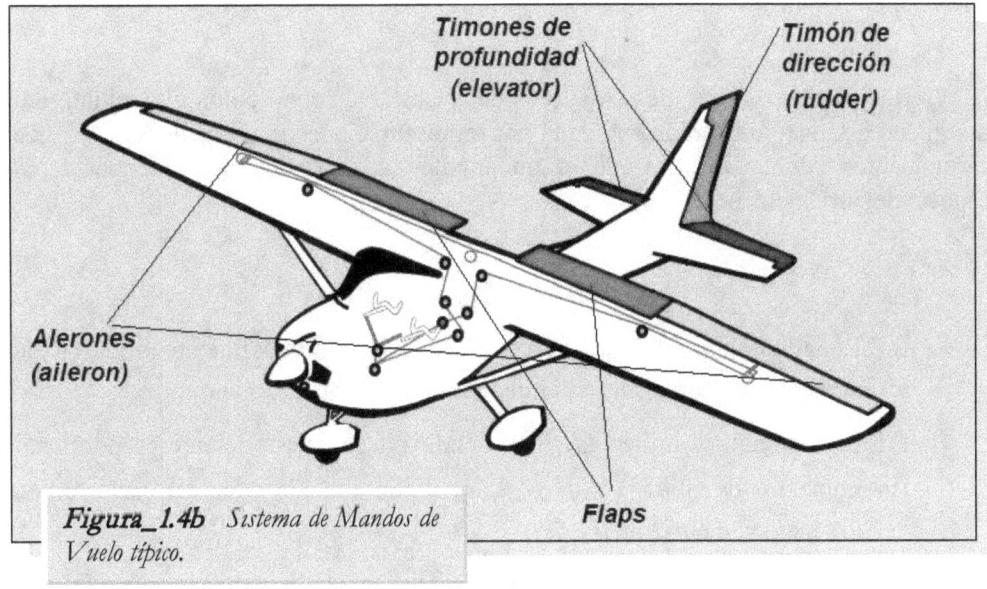

Figura_1.4b Sistema de Mandos de Vuelo típico.

El estudio de la estabilidad respecto de los mandos de vuelo, determina dos tipos de estabilidad distintas:

> Estabilidad con Mandos Fijos: se estudia generalmente sobre prototipos avanzados; las superficies de control se mantienen fijas en determinadas posiciones y se observan las maniobras de vuelo a que dan lugar.

> Estabilidad con Mandos Libres: se realiza cuando el diseño de la aeronave no es completo, sobre prototipos en túneles de viento; las superficies de control se mantienen libres, flotando bajo la acción de las líneas de corriente de aire; de este modo, se pueden medir las fuerzas de acción sobre los controles en los mandos del cockpit, para diferentes situaciones de vuelo.

1.2 Estabilidad Estática

La estabilidad de una aeronave se describe en primer lugar a partir de sus características de estabilidad estática. A su vez, la estabilidad estática se estudia para cada uno de los ejes característicos de la aeronave, determinando tres tipos según este concepto:

- E.Estática_Longitudinal: Estudio de los momentos de cabeceo alrededor del eje transversal Y.
- E.Estática_Direccional: Estudio de los momentos de guiñada alrededor del eje vertical Z.
- E.Estática_Lateral: Estudio de los momentos de alabeo alrededor del eje longitudinal X.

La condición de equilibrio aplicada para cada tipo de estabilidad estática se obtiene a partir de la definición de aeronave estable: *"aquella que vuela en línea recta, horizontal, nivelada y encarada al viento y, cuando aparece una perturbación vuelve a la anterior posición por sí sola"*.

La descripción de cada uno de estos tipos de estabilidad proporciona el conjunto de la estabilidad estática de la aeronave, dada por representaciones gráficas de un coeficiente de momentos adimensional, frente a un ángulo característico del eje considerado, respecto del aire incidente.

Esto es, para,

- E.E.Longitudinal: se utiliza $C_M(\alpha)$, donde C_M es un coeficiente proporcional a los momentos de cabeceo y α es el ángulo de ataque de la aeronave.
- E.E.Direccional: se utiliza $C_N(\beta)$, donde C_N es un coeficiente proporcional a los momentos de guiñada y β es el ángulo de guiñada de la aeronave respecto del aire incidente horizontal.
- E.E.Lateral: se utiliza $C_a(\delta)$, donde C_a es un coeficiente proporcional a los momentos de alabeo y δ es el ángulo de alabeo de la aeronave.

A continuación, se va a hacer un estudio detallado de cada uno de los tipos de estabilidad, respecto de cada eje, comenzando por las características de estabilidad estática, elementos estructurales que influyen sobre ella, control asociado y estabilidad dinámica e inestabilidades correspondientes.

1.3 Estabilidad Longitudinal

Estudio de la estabilidad a que dan lugar los momentos de cabeceo.

Se dice que una aeronave es longitudinalmente estable cuanto tiende en todo momento a su *punto de compensación*.

Se trata éste de "*el ángulo de ataque para el cual el momento longitudinal (cabeceo) total de la aeronave es nulo*".

Tener en cuenta que una cosa es el **ángulo de incidencia**, aquel formado por la cuerda aerodinámica del perfil del ala fija o rotatoria y el eje longitudinal de la aeronave; y otra, el **ángulo de ataque**, siempre variable en función del cabeceo del avión o paso de la pala en el helicóptero. Ver *Figura_1.5*.

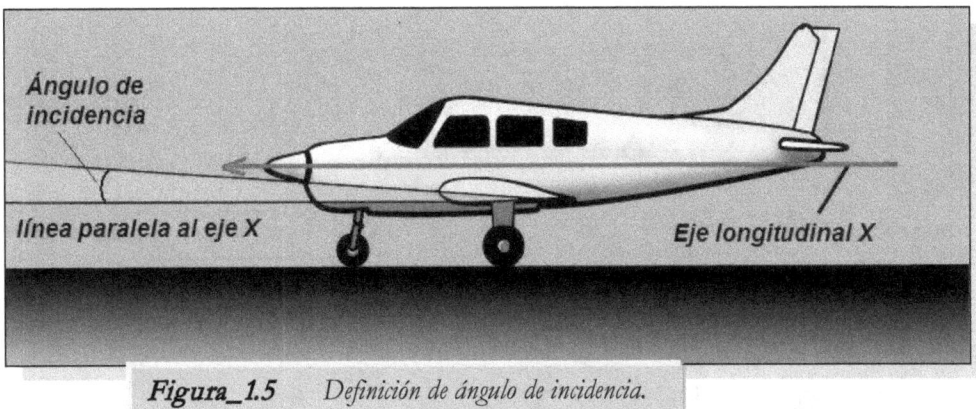

Figura_1.5 Definición de ángulo de incidencia.

El punto de compensación dependerá de las condiciones del vuelo de crucero, donde se intenta mantener la condición de equilibrio horizontal y nivelado. Esto es, está influido por la velocidad, peso y distribución del mismo (variación del *cm*), ..

Considerando el criterio de signos ya especificado en la *Figura_1.1*, gráficamente se obtienen curvas para la estabilidad longitudinal como las expresadas en la *Figura_1.5b*.

El grado de estabilidad de la aeronave viene dado por el valor de la pendiente de la recta característica obtenida. Cuanto más negativa es la pendiente, mayor es la estabilidad longitudinal conseguida.

En realidad, las curvas de estabilidad longitudinal no son completamente rectas, sino que incluyen una zona, para grandes ángulos de ataque que determinan la entrada en pérdida de la aeronave y, que en la práctica, no se tienen en cuenta.

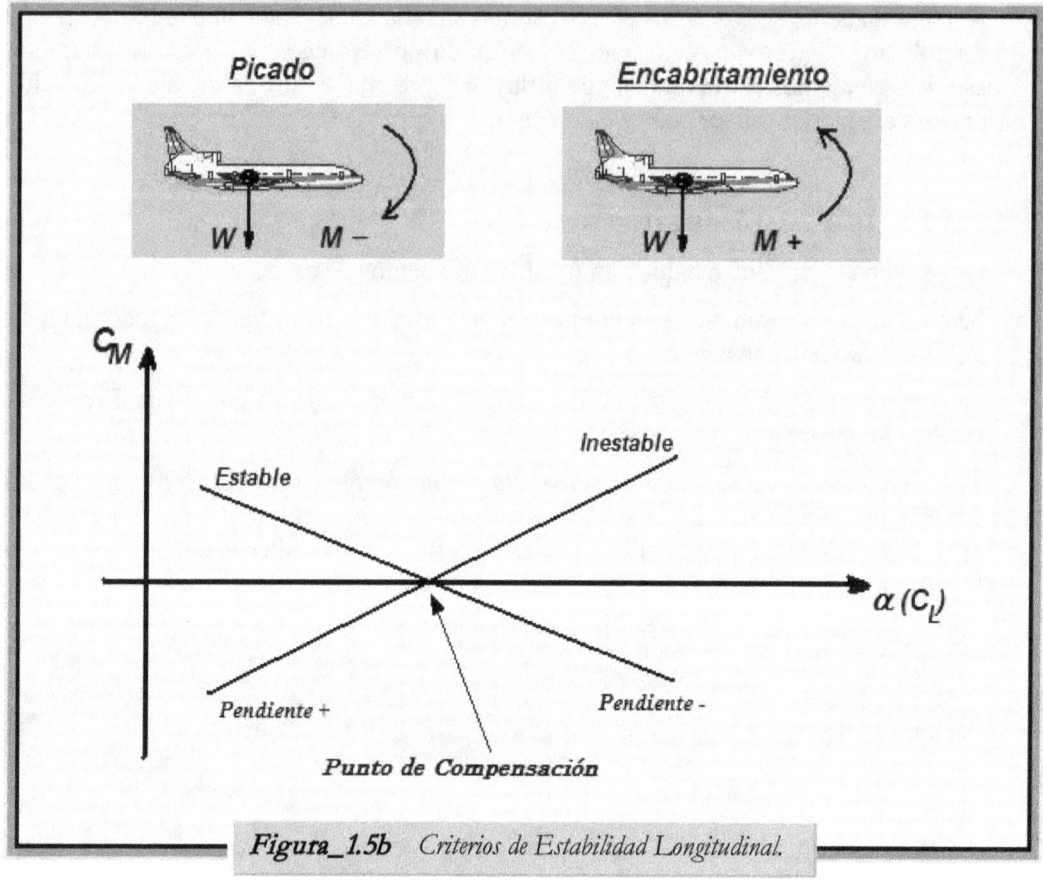

Figura_1.5b Criterios de Estabilidad Longitudinal.

Los elementos estructurales que influyen en la estabilidad longitudinal, por orden de influencia, son los siguientes:

1. Distribución de Áreas.
2. Posición relativa del *cg* respecto al *cp*.
3. Flecha.
4. Posición vertical de los motores.
5. Posición vertical del *cg*.

1.3.1 Influencia de la Distribución de Áreas alrededor del Eje Longitudinal

Dependiendo de la situación relativa de las áreas de la aeronave alrededor del eje longitudinal y, respecto del *cg* [2], éstas podrán actuar como:

---

[2] A partir de aquí se va a utilizar el concepto de *cg* (centro de gravedad), más práctico, en vez de el de *cm* (centro de masas), más teórico.

- Áreas Desestabilizantes: aquellas situadas por delante del *cg*.
- Áreas Estabilizantes: aquellas situadas por detrás del *cg*.

La obtención de estos resultados puede verse en el ejemplo descrito gráficamente de la *Figura_1.6*, en donde suponiendo que aumenta repentinamente α debido a una ráfaga de aire ascendente, se consigue la situación expuesta y curvas planteadas para cada semicuerpo de la aeronave.

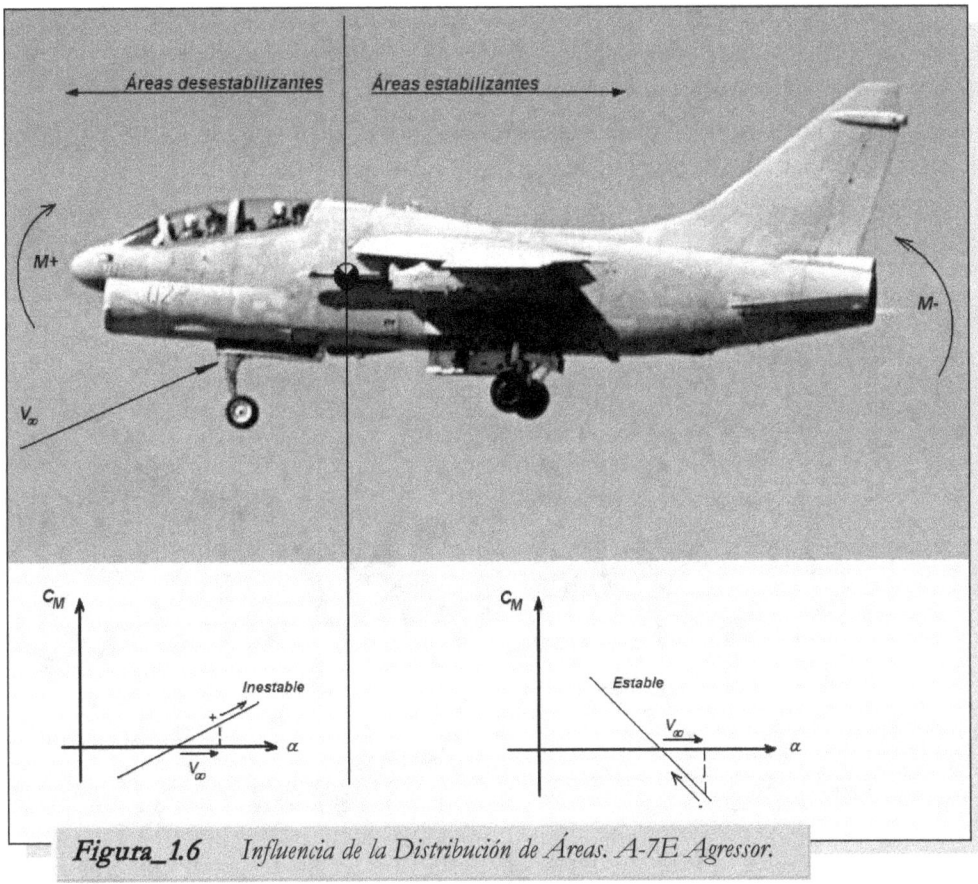

Figura_1.6   *Influencia de la Distribución de Áreas. A-7E Agressor.*

En definitiva, para conseguir estabilidad estable interesa que el *cg* esté desplazado hacia delante, por lo que predominarán las áreas estabilizantes. Es evidente que para ello habrá que desplazar pesos hacia el morro de la aeronave; ésta es una de las razones por las que el *compartimento_de_equipos_electrónicos* o *cee* suele estar ubicado lo más adelante posible.

1.3.2 Influencia de la Posición Relativa Longitudinal del *cg* respecto al *cp*

Éstos son dos puntos característicos de la aeronave definidos como:

- <u>*Centro de Gravedad o cg*</u>: Punto donde se supone aplicada la fuerza peso total de la aeronave. Su posición es variable, dependiendo de la distribución de pesos a lo largo del vuelo, fundamentalmente del consumo y distribución de combustible entre depósitos.

- <u>Centro de Presiones o cp</u>: Punto donde se supone aplicada la resultante de fuerzas aerodinámicas de la aeronave. Esta resultante de fuerzas se obtiene sumando las fuerzas a que dan lugar los elementos aerodinámicos (ala, empenaje de cola, superficies hipersustentadoras, ..) y los no aerodinámicos (tren de aterrizaje, antenas, fuselaje, ..). No se incluye la fuerza peso, por tratarse de una fuerza interna o procedente del interior de la aeronave. El *cp* de la aeronave es función de los *cp* de los distintos elementos aerodinámicos (fundamentalmente del ala y de la cola).

Ambos puntos no es habitual que se encuentren sobre el eje longitudinal, además de que suelen estar desplazados verticalmente de forma relativa entre sí[3].

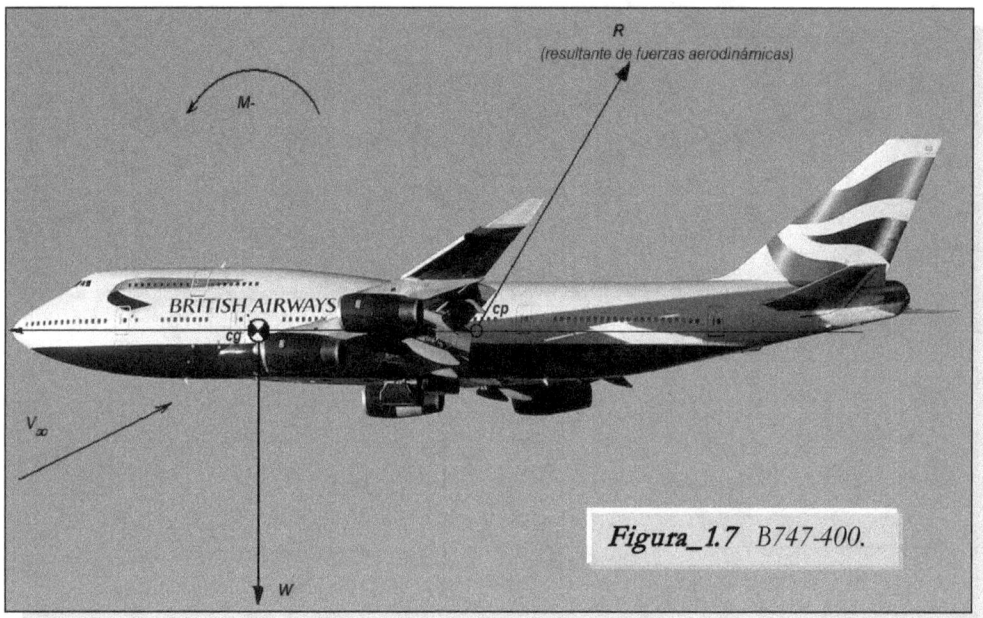

Figura_1.7 B747-400.

Para que una aeronave sea longitudinalmente estable interesa que el *cg* esté por delante del *cp*, como se indica en el ejemplo de la *Figura_1.7*.

Esta configuración, en la práctica, puede conseguirse de dos formas distintas, descritas en la *Figura_1.8*.

A diferencia de lo que pudiera pensarse a primera vista, el caso (b) con centros de presiones del ala y de la cola por detrás del *cg* es la configuración real más usada; con ella se consigue que tanto el ala, como la cola sean estables ante ráfagas de aire ascendentes (Ver *Figura_1.9b*).

En este caso, para que el avión sea estable, deberá entrar en pérdida antes la cola que el ala. Es decir, la cola funciona correctamente para ángulos de ataque menores que el ala.

---

[3] Por comodidad gráfica, se suelen representar *cp* y *cg* alineados sobre el eje longitudinal.

1. Estabilidad y Control

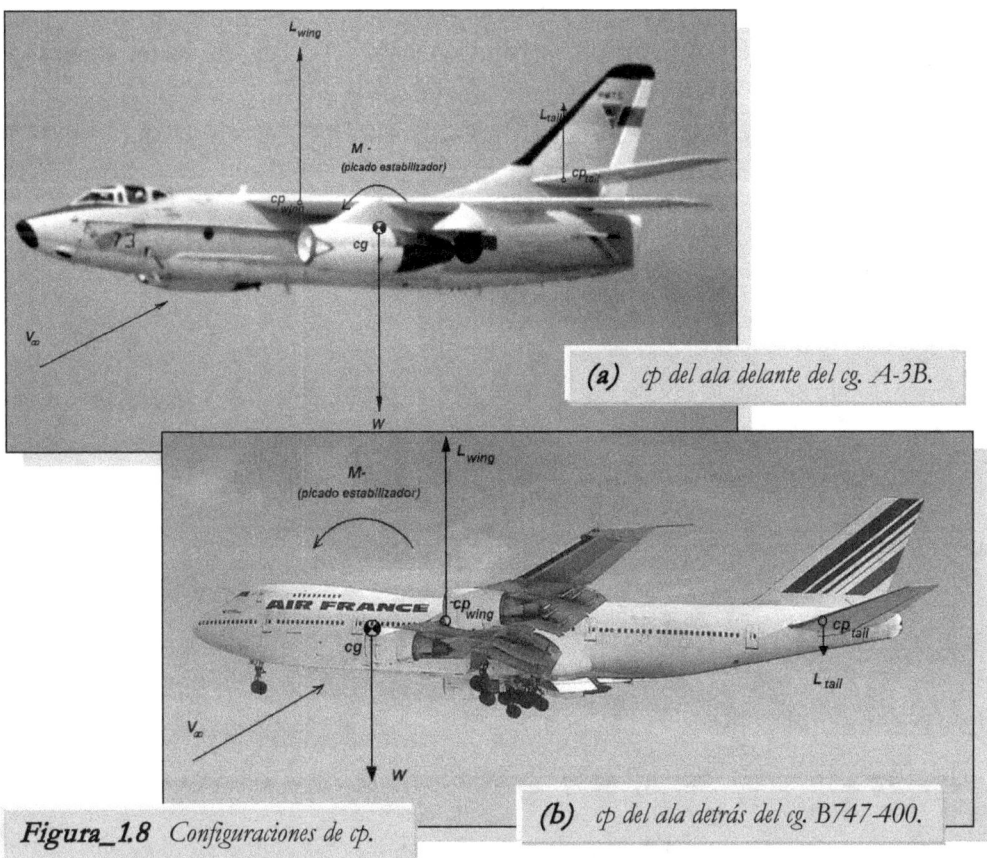

Figura_1.8 Configuraciones de cp.
(a) cp del ala delante del cg. A-3B.
(b) cp del ala detrás del cg. B747-400.

En el caso (b), la estabilización para ángulos de ataque elevados, la producirá exclusivamente el ala. En el caso (a), el ala genera inestabilidad.

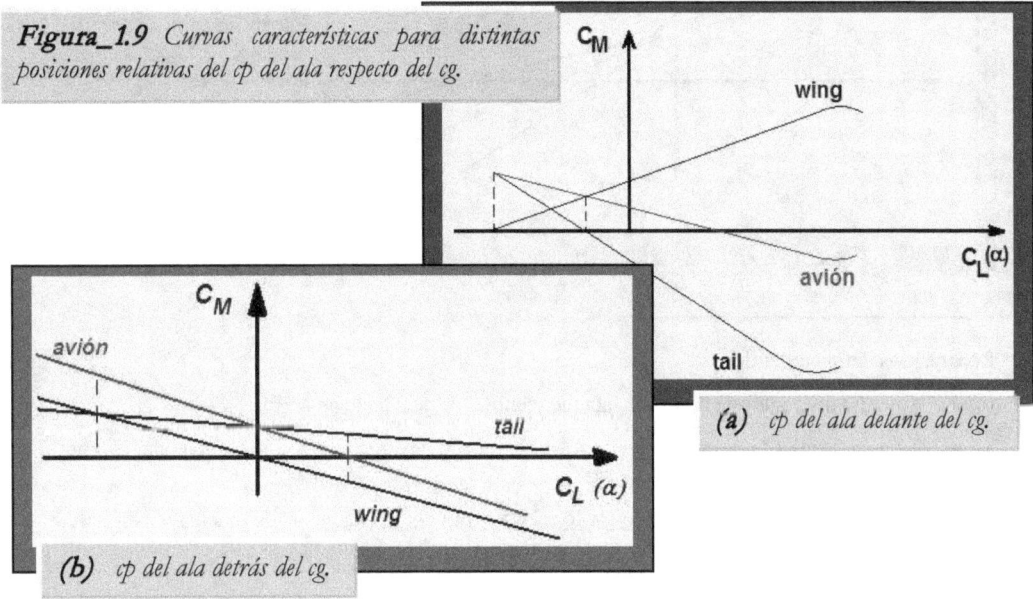

Figura_1.9 Curvas características para distintas posiciones relativas del cp del ala respecto del cg.
(a) cp del ala delante del cg.
(b) cp del ala detrás del cg.

Sistemas de Vuelo Automático

Si se disminuye la distancia del *cp* total al *cg*, acercándolo, la aeronave pasa a ser cada vez más inestable. Esta distancia *d*, separación entre *cp* y *cg* se suele expresar en porcentaje de la cuerda media aerodinámica[4]. Ver *Figura_1.10*.

Figura_1.10 Separación cg-cp. B757-300.

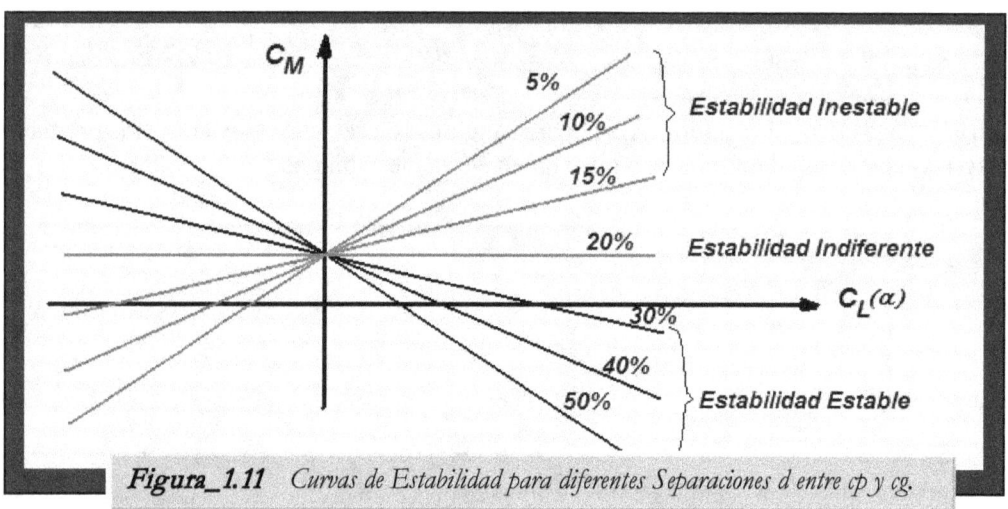

Figura_1.11 Curvas de Estabilidad para diferentes Separaciones d entre cp y cg.

---

[4] Recordar las definiciones de:

- Cuerda: línea que une borde_de_ataque y borde_de_salida de un perfil.
- Cuerda_media: la de un ala rectangular de misma envergadura *b* y superficie alar *S*, que la que estamos considerando: $c.b=S$.
- Cuerda_media_aerodinámica o *MAC*: la de un ala rectangular de misma envergadura *b* y superficie alar *S'*, que produce igual sustentación y momentos que la que estamos considerando: $MAC.b=S'$.

1. Estabilidad y Control

Las curvas características genéricas de $C_M(\alpha)$ en función de d se pueden expresar como en el ejemplo de la *Figura_1.11*.

La curva que genera estabilidad indiferente define una posición del *cp* respecto del *cg* denominada *punto_neutro*, que se conoce como la posición del *cp* más retrasada posible respecto del *cg*, para que el avión sea estable.

1.3.3 Influencia de la Flecha

Recordamos que la flecha φ es el ángulo formado por la línea ¼ de los puntos *cp* de todos los perfiles del ala, con un eje perpendicular al longitudinal del avión. Ver *Figura_1.12*. En realidad, sólo influye en el caso de que sea muy acusada.

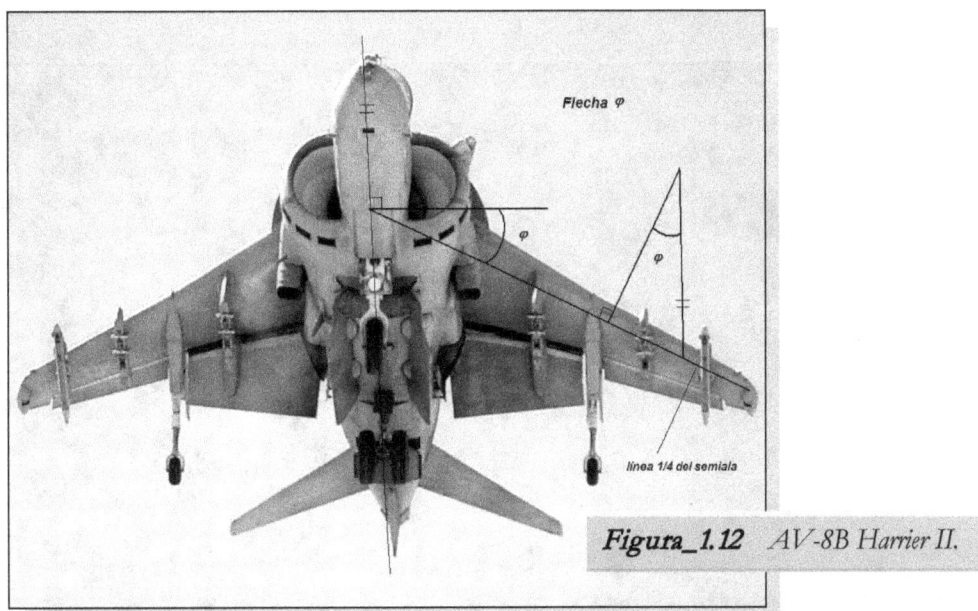

Figura_1.12 AV-8B Harrier II.

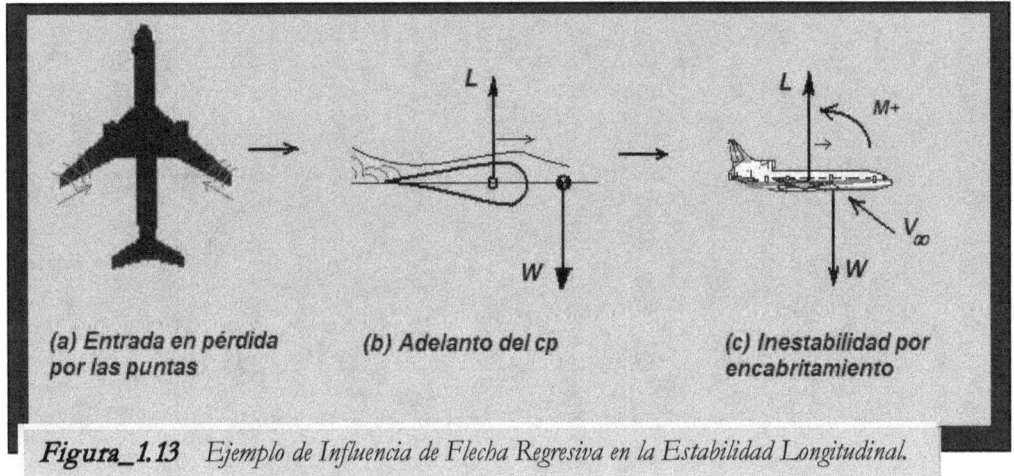

Figura_1.13 Ejemplo de Influencia de Flecha Regresiva en la Estabilidad Longitudinal.

Sistemas de Vuelo Automático

Un aumento del ángulo de ataque α produce el comienzo de la entrada en pérdida del ala. Si ésta utiliza flecha regresiva, entran en pérdida en primer lugar las puntas, con lo que el *cp* del ala se adelanta y, así, el *cp* total. Esto produce una tendencia al encabritamiento, aumentando la inestabilidad. Ver *Figura_1.13*.

1.3.4 Influencia de la Posición vertical del *cg*.

Para conseguir estabilidad longitudinal no va a importar la posición vertical del *cp* respecto del *cg*. Es decir, mientras el *cp* esté retrasado, podrá estar situado por encima, por debajo o alineado con el *cg*.

Suele ser más habitual encontrar el *cp* ubicado por encima del *cg*, aunque en aviones con ala y estabilizador horizontal bajo, puede estar perfectamente por debajo. Ver *Figura_1.14*.

Figura_1.14 Ejemplo de aeronave con cp por debajo del cg. A-4E Agressor.

Figura_1.15 Ejemplo con cp por encima del cg. Estabilidad frente a ráfagas de aire ascendentes.

1. Estabilidad y Control

1.3.5 Influencia de la Posición de los Motores.

Los motores en marcha modifican todos los puntos de estudio tenidos en cuenta sin ellos, respecto de la estabilidad longitudinal.

La posición de la línea de empuje de cada uno de los motores respecto al *cg*, influye definitivamente sobre la estabilidad de la aeronave.

Se consideran en un avión dos casos diferentes de posición adecuada de motores para conseguir estabilidad estable longitudinal:

- (a) <u>Línea de empuje de motores por encima del *cg*</u> : configuración asociada a ala con *cp* por delante del *cg*. Ver *Figura_1.16*. Con un incremento del empuje de motores aparece una tendencia inicial al picado. Sin embargo, el aumento de sustentación producido por la velocidad generada por la variación positiva de empuje da lugar a la estabilización hacia la condición de equilibrio inicial.

- (b) <u>Línea de empuje de motores por debajo del *cg*</u> : configuración asociada a ala con *cp* por detrás del *cg*. Ver *Figura_1.17*. Supuesto un incremento del empuje de motores, aparece una tendencia inicial al encabritamiento. Ésta provoca un aumento de ángulo de ataque, con el consiguiente incremento de sustentación, que da lugar a la estabilización hacia la condición de equilibrio inicial

La línea de empuje de motores alineada con el *cg* no influye en la estabilidad longitudinal.

Figura_1.16 *Ejemplo de línea de empuje de motor por encima del cg. A-10B Thunderbolt II.*

Figura_1.17 Ejemplo de línea de empuje de motor por debajo del cg. A-3D Skywarrior.

1.3.6 Alteración del Control Longitudinal

El control longitudinal se consigue, en teoría, variando la posición de la curva característica de estabilidad longitudinal de la aeronave hacia arriba o hacia abajo. En la práctica, esto se lleva a cabo haciendo uso de los timones de profundidad ("*elevator*"). Ver *Figura_1.18*.

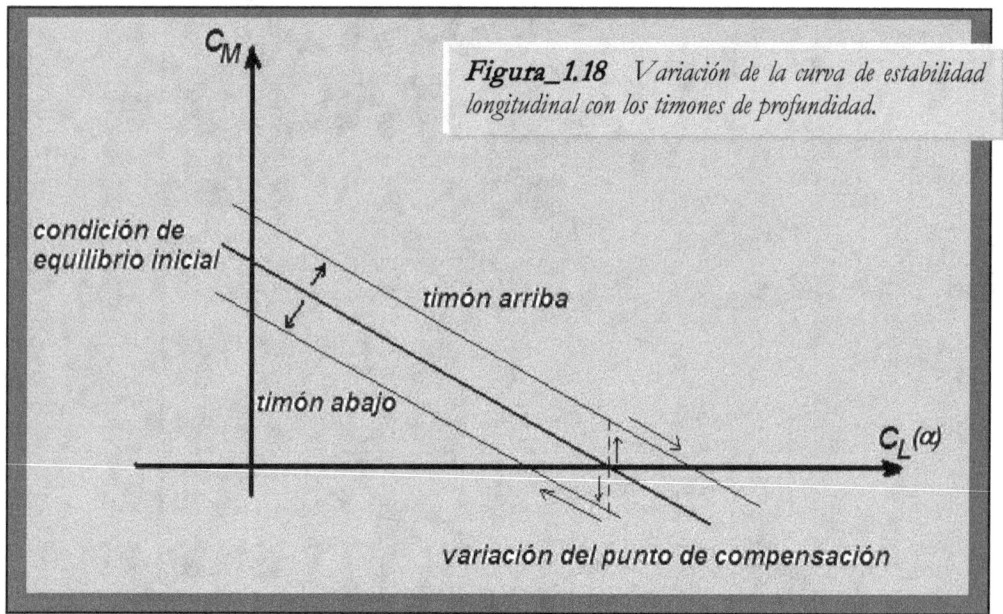

Figura_1.18 Variación de la curva de estabilidad longitudinal con los timones de profundidad.

(a) Timón de profundidad abajo: genera un momento de picado adicional en la cola horizontal, que hace que la curva de estabilidad se desplace hacia abajo, con el consiguiente retraso del punto de compensación. Ver *Figura_1.19*.

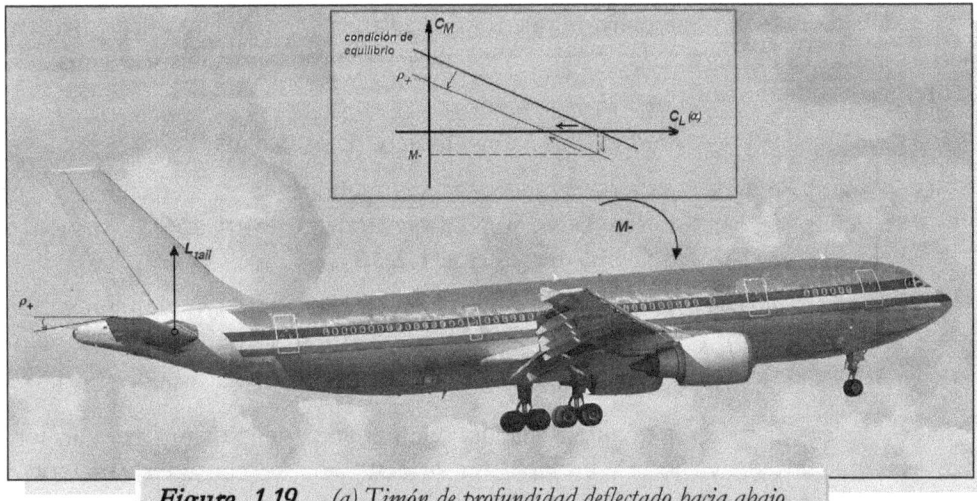

Figura_1.19 *(a) Timón de profundidad deflectado hacia abajo.*

(b) Timón de profundidad arriba: genera un momento de encabritamiento adicional en la cola horizontal, que hace que la curva de estabilidad se desplace hacia arriba, por lo que el punto de compensación se adelanta. Ver *Figura_1.20*.

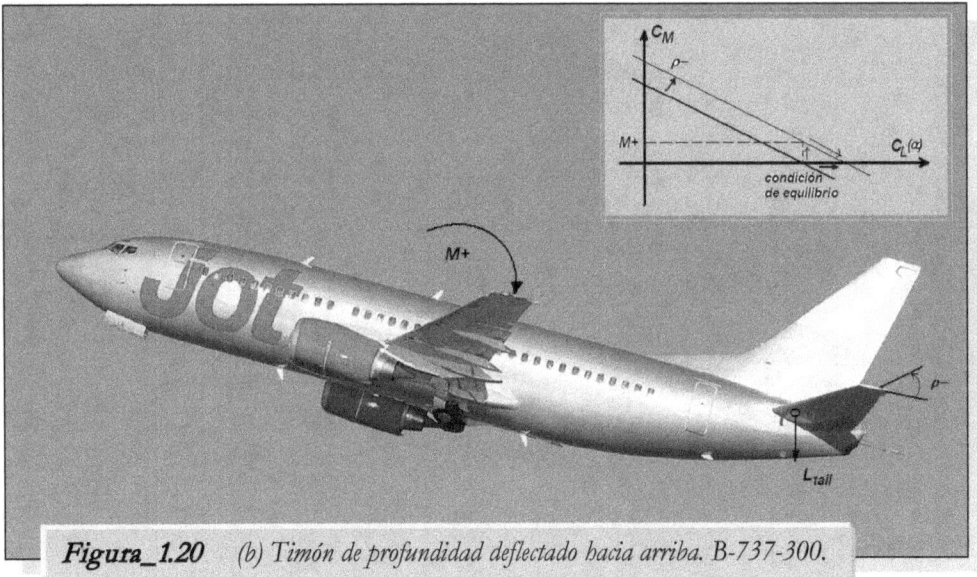

Figura_1.20 *(b) Timón de profundidad deflectado hacia arriba. B-737-300.*

1.3.7 Estabilidad Dinámica Longitudinal

El estudio dinámico de una aeronave consiste en determinar la forma en que se realiza el movimiento de la misma en el tiempo hacia su posición de equilibrio.

Es sólo posible si la aeronave es estáticamente estable, es decir, con tendencia inicial a recuperar la posición de equilibrio.

Las cualidades de la aeronave objeto del estudio dinámico, dependen del amortiguamiento que tengan las oscilaciones características obtenidas. Se consideran dos tipos de estudio dinámico:

- Con Mandos Fijos: produce dos modos básicos de oscilación.
  - Modo Fugoide: periodo grande y poco amortiguado, caracterizado por variación de actitud (en cabeceo), desplazamiento vertical y variación de velocidad (IAS). Ver ejemplo de la *Figura_1.21*.

    Periodo comprendido entre 25s (baja velocidad) y varios minutos (alta velocidad).

    Tiempo de amortiguación a media amplitud del orden de 50 a 100s.

    Con estos parámetros, el piloto manual o automático tiene tiempo para accionar los mandos de vuelo y corregir. Con su actuación se consigue variación de velocidad apreciable, ángulo de ataque constante, variación de altitud y del factor de carga longitudinal.

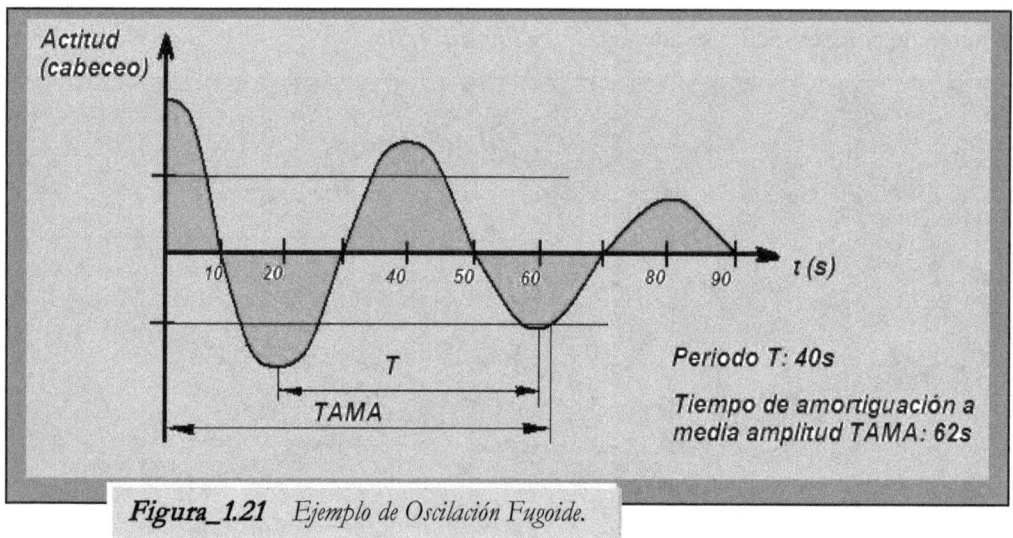

Figura_1.21 Ejemplo de Oscilación Fugoide.

  - Oscilación de Incidencia: periodo pequeño (0.6 a 6s) y tiempo de amortiguación a media amplitud también pequeño. Se trata de un movimiento fuertemente amortiguado. Ver ejemplo de la *Figura_1.22*.

    El periodo es inversamente proporcional a la velocidad (IAS).

    El piloto cree que se trata de una ráfaga de aire o un accionamiento brusco de los mandos de vuelo y no actúa. Genera cambios de ángulo de ataque apreciables, pero con velocidad IAS constante.

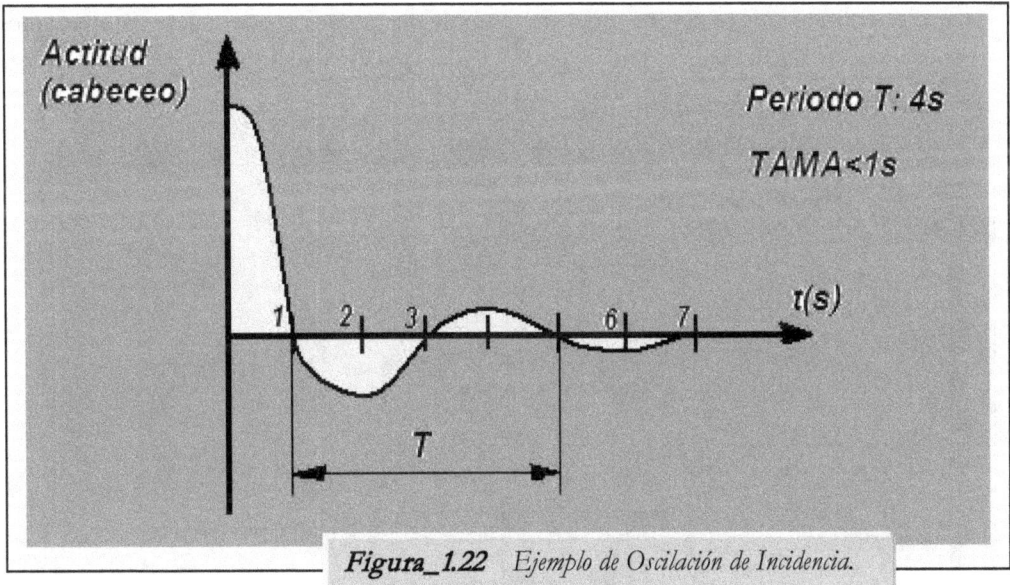

Figura_1.22 Ejemplo de Oscilación de Incidencia.

- Con Mandos Libres: produce tres modos básicos de oscilación.
    - Modo Fugoide: de mismas características que con mandos fijos.
    - Modos de corto periodo: son dos.
        o 2º Modo Mandos Libres: periodo de 1 a 2s. La respuesta del piloto no resulta afortunada y puede reforzar la oscilación, llegando a ser no amortiguada. Si se obtiene oscilación neutra amortiguada se denomina "delfineo".

        o 3º Modo Mandos Libres: periodo mucho más corto que el 2º modo mandos libres. Resulta fuertemente amortiguado, por lo que simplemente se nota un aleteo de los timones de profundidad.

1.4 Tipos de Sistemas de Mandos de Vuelo.

No se trata aquí de ver en que consisten los diferentes Sistemas de Mandos de Vuelo o "*Flight_Controls*" (F/C), sino de la relación que plantean entre las superficies de control, modificadoras de la estabilidad de la aeronave, y los mandos en el cockpit generadores de las órdenes de control.

- Sistemas convencionales: mecánicos que utilizan cables, varillas, poleas, resortes, .. Son reversibles, esto es, el piloto siente las cargas aerodinámicas en los mandos del cockpit.
- Sistemas de Mando Ayudados "power boosted": el piloto suministra parte de la fuerza de control directamente a las superficies de control y el resto un sistema de potencia que trabaja en paralelo. Ver *Figura_1.23*.

Sistemas de Vuelo Automático

Se calibran de manera que se cumple la relación de fuerzas siguiente, $\dfrac{F\_Piloto}{F\_Sistema\_Potencia} = \dfrac{1}{15} a \dfrac{1}{30}$. Son reversibles.

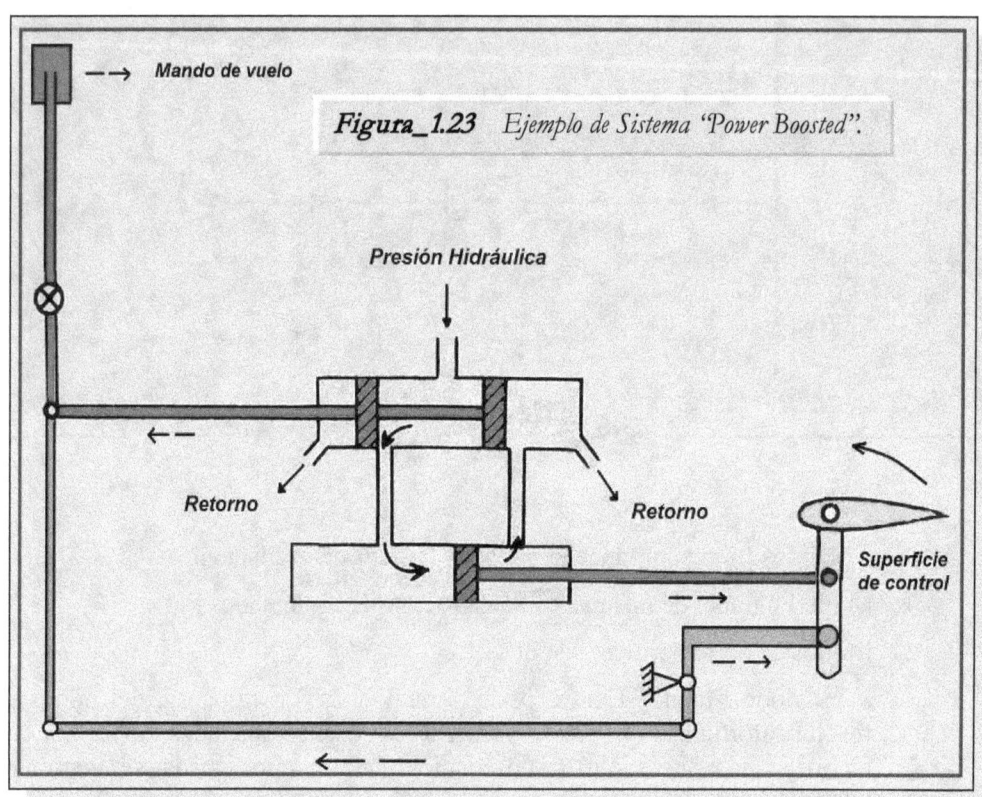

Figura_1.23 *Ejemplo de Sistema "Power Boosted".*

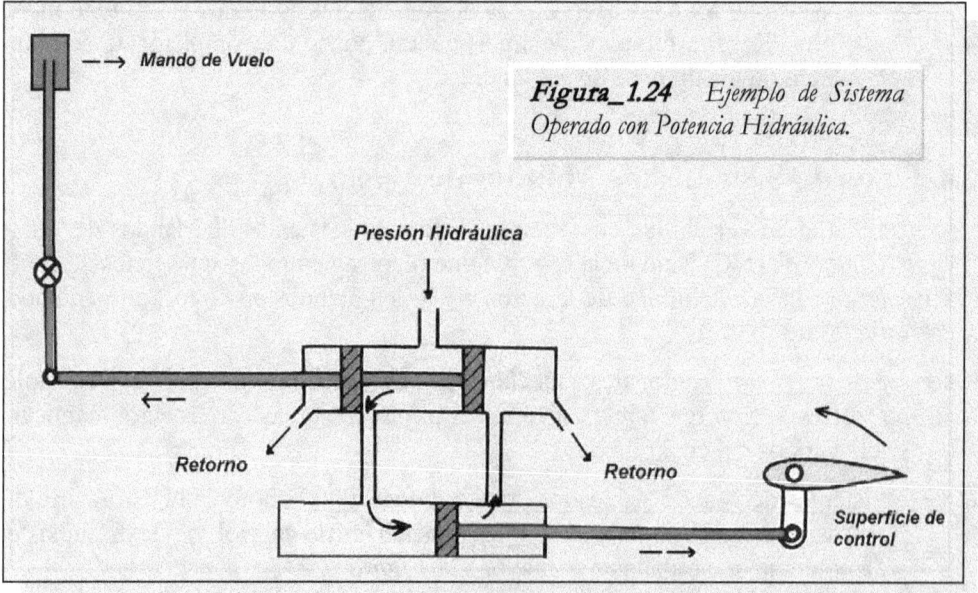

Figura_1.24 *Ejemplo de Sistema Operado con Potencia Hidráulica.*

1. Estabilidad y Control

- Sistemas de Control Operados con Potencia: el piloto no tiene conexión directa con las superficies de control. Se trata de un sistema irreversible, por lo que resulta imprescindible utilizar asociado algún sistema de sensación artificial. Ver *Figura_1.24*. Hoy por hoy, hay dos tipos:

    - Sistema Fly_By_Wire: Las señales de control o *commands* son eléctricas, proporcionales a los desplazamientos de los mandos en el cockpit.

    - Sistema Fly_By_Light: Sistema óptico que utiliza fibra óptica, en lugar de cables convencionales. Las señales de control o *commands* son de luz, proporcionales a los desplazamientos de los mandos en el cockpit

1.5 Sistemas de Sensación Artificial.

Asociados a los sistemas de control operados con potencia, tratan de suplir la desventaja que representa su irreversibilidad. Los pilotos deben ser conscientes en todo momento de cuales son las cargas aerodinámicas alrededor de la aeronave y, en particular, sobre las superficies de control. De este modo, se evita sobreesfuerzos que pueden llegar a roturas y pérdida de control.

Para saber como definir un sistema de sensación artificial es preciso conocer primero las variables que afectan la sensación del piloto, respecto del uso de los mandos de vuelo. Básicamente, estos parámetros son los siguientes:

- **Umbral de Fuerza**: Fuerza mínima necesaria para vencer las fricciones (rozamientos) y mover los mandos en el cockpit.
- **Histéresis**: juego o tolerancias entre componentes del sistema; superado el umbral de fuerza, pequeños movimientos en los mandos no llegan a producir movimiento en las superficies de control.
- **Centrado de los mandos**: al soltar los mandos y no aplicar fuerzas de control, éstos y las propias superficies de control deberían estar en su posición de compensación.

Los sistemas de sensación artificial básicos son los siguientes:

- Sistema de Sensación Q: la fuerza aplicada sobre los mandos va a ser proporcional a la presión dinámica $\frac{1}{2}\rho v^2$.

- Sistema de Sensación por Muelle: sensación en los mandos proporcional a la deflexión de la superficie de control, considerando que la fuerza ejercida por el resorte conectado vale $kx(\alpha)$.

- Sistema de Sensación Combinado Q-Muelle: considera el grado de deflexión de las superficies de control y la velocidad de la aeronave.

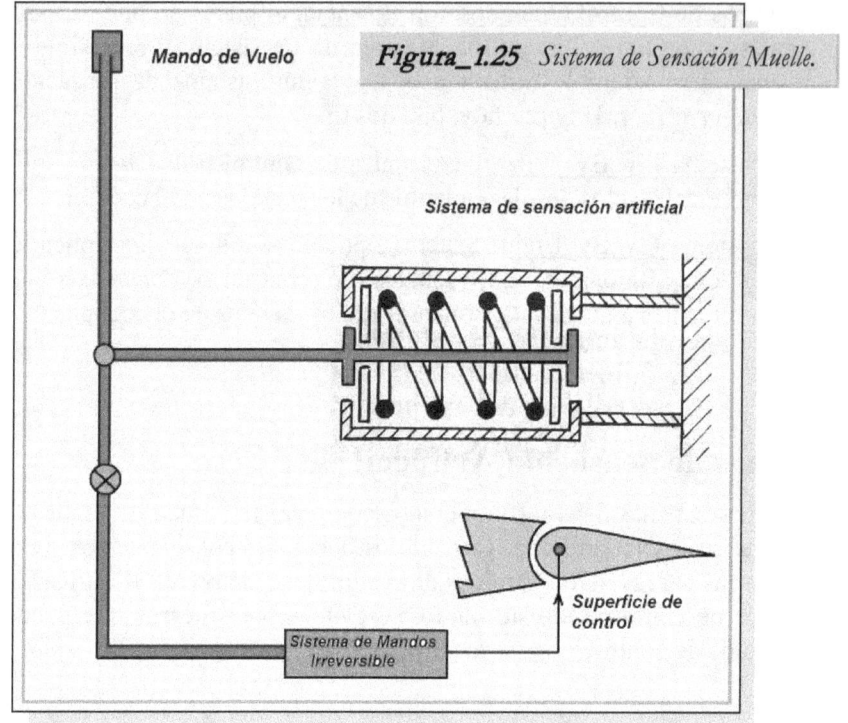

Figura_1.25 Sistema de Sensación Muelle.

1.6 Sistemas de Aumento de Estabilidad.

En principio, las superficies de control se utilizan para maniobrar la aeronave y, por tanto, no guardan relación con la estabilidad inherente de la misma. Sin embargo, es posible modificar la estabilidad de la aeronave por medio del desplazamiento automático de las superficies de control, reduciendo los tiempos de amortiguación de las oscilaciones asociadas a inestabilidades.

Se habla entonces de *Aumentación de la Estabilidad* ("*Stability_Augmentation*"). Los sistemas se nombran como de Aumento de Estabilidad o *SAS*.

El aumento de la amortiguación de un modo de oscilación se consigue utilizando un esquema como el siguiente propuesto:

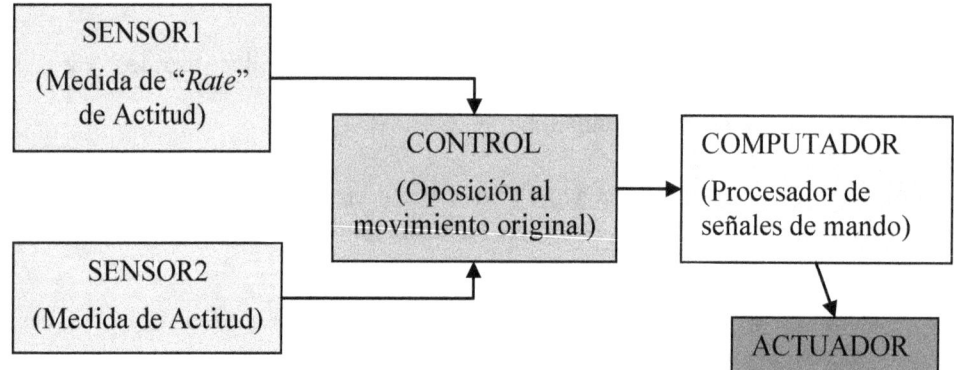

1. Estabilidad y Control

Algunos ejemplos de SAS típicos son:

- Compensador de Cabeceo ("*Mach_Pitch_Trim_Compesator*"): compensación en profundidad, utilizando habitualmente el estabilizador horizontal ("Stab"), para evitar de forma automática el picado de la aeronave a partir de cierto número de Mach (*Efecto "Tuck_Under"*).
- Compensador del Balanceo del Holandés ("*Yaw_Damper*"): amortiguador de la inestabilidad de "*Dutch_Roll*", típica lateral_direccional, que actúa sobre el timón de dirección.

1.7 Estabilidad Direccional.

Estudio de la estabilidad a que dan lugar los momentos de guiñada.

Se dice que una aeronave es direccionalmente estable cuanto tiende a encararse en todo momento a la dirección del viento relativo.

Para su estudio se utilizan las siguientes definiciones:

- Ángulo de deslizamiento β: aquel formado por el eje longitudinal de la aeronave con la dirección del viento incidente sin perturbar (*Figura_1.26*).
- Ángulo de guiñada ψ: proyección del ángulo β sobre un plano horizontal a la superficie terrestre (*Figura_1.27*).

En vuelo de crucero ambos ángulos son coincidentes.

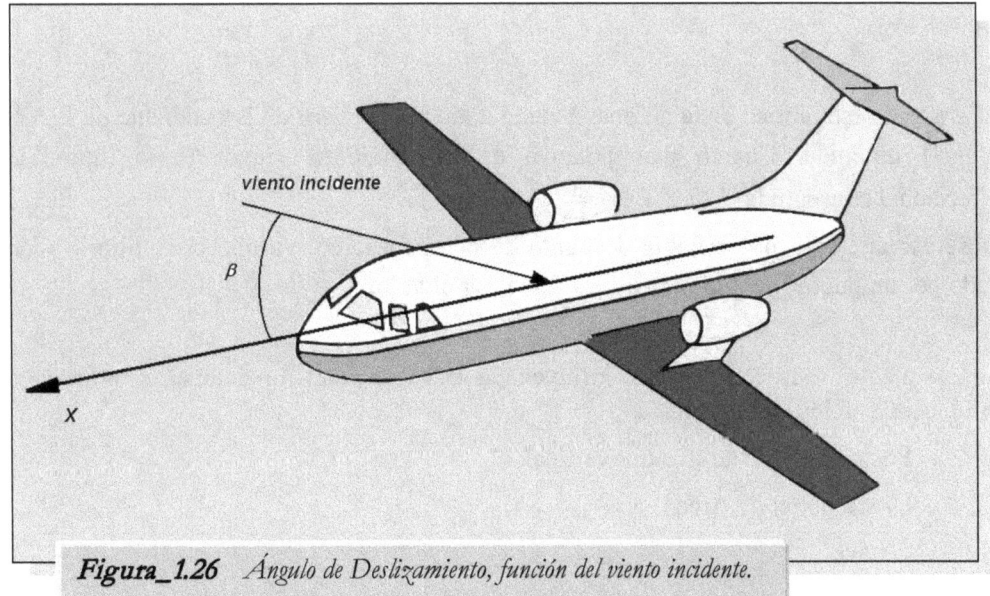

Figura_1.26 *Ángulo de Deslizamiento, función del viento incidente.*

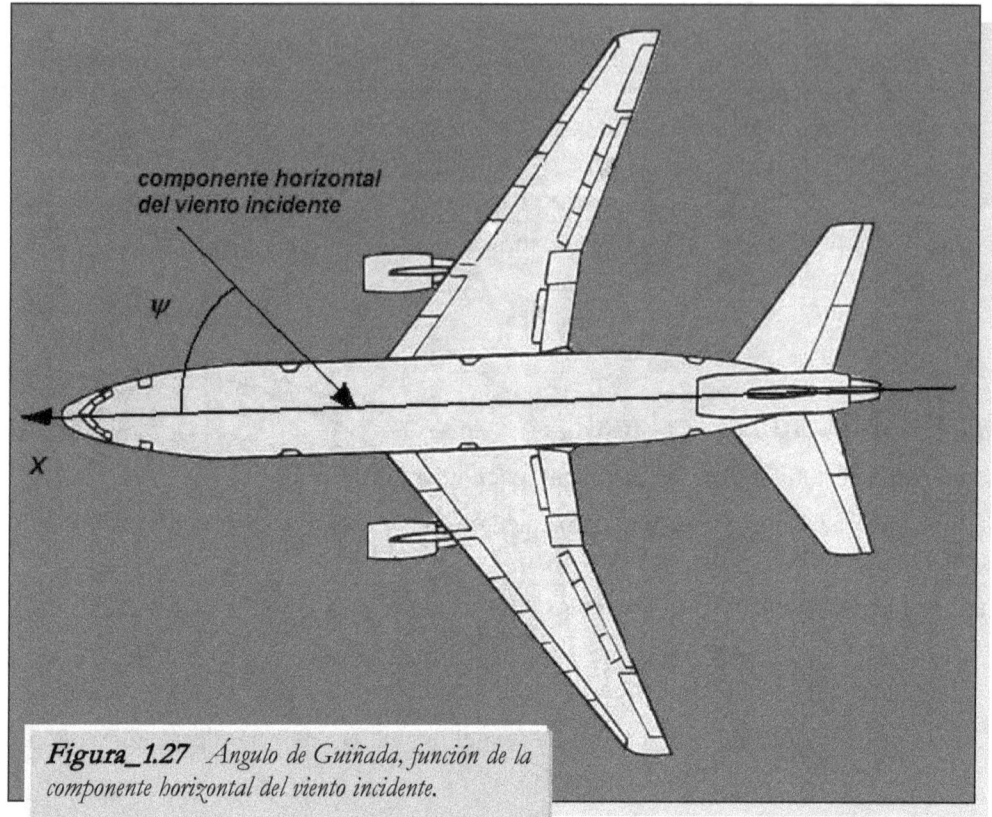

Figura_1.27 Ángulo de Guiñada, función de la componente horizontal del viento incidente.

Considerando el criterio de signos ya especificado en la *Figura_1.1*, gráficamente se obtienen curvas para la estabilidad direccional como las expresadas en la *Figura_1.28*. Aquí se utiliza N como momento de guiñada, al que le corresponde C_n como coeficiente equivalente.

El grado de estabilidad de la aeronave viene dado por el valor de la pendiente de la recta $C_n(\beta)$ obtenida. Cuanto más positiva es la pendiente, mayor es la estabilidad direccional conseguida.

Observar que aquí no se habla de punto de compensación, ya que el equilibrio viene dado por un punto fijo marcado en el origen por el valor $C_n(\beta = 0) = 0$.

Los elementos estructurales que influyen en la estabilidad direccional, por orden de influencia, son los siguientes:

1. Posición del Estabilizador vertical.
2. Distribución de Áreas.
3. Flecha.
4. Motores.

1. Estabilidad y Control

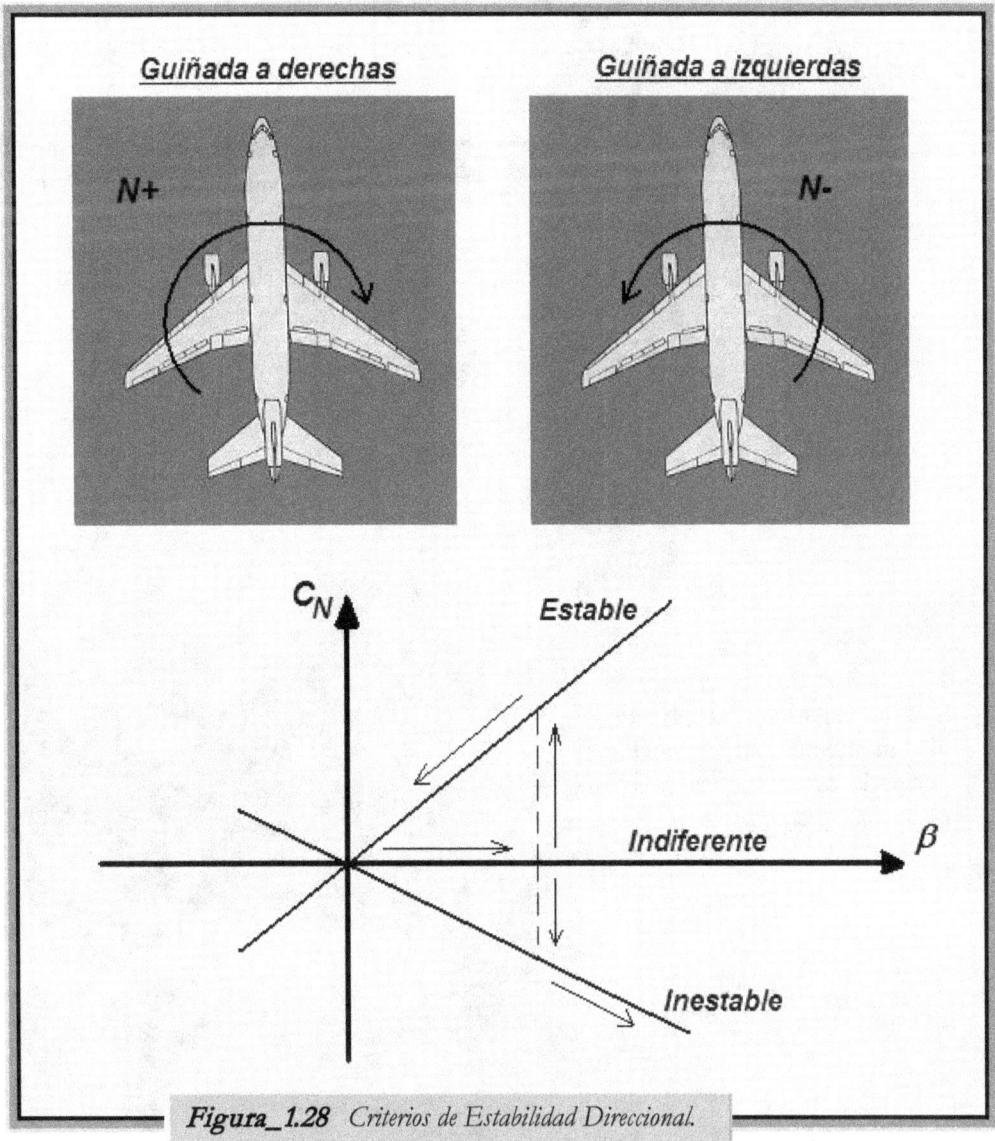

Figura_1.28 *Criterios de Estabilidad Direccional.*

1.7.1 Influencia de la Posición del Estabilizador Vertical.

Debe estar siempre situado detrás del *cg* de la aeronave para estabilización direccional.

El estabilizador vertical es, funcionalmente, como un ala de perfil simétrico, con un ángulo de entrada en pérdida no muy grande. Por tanto, si el ángulo de guiñada β es elevado, entrará en pérdida y no sirve para nada, a efectos de estabilización.

Si β es positivo (+) entonces el momento de guiñada generado es también positivo ($N+$): <u>*estabilización*</u>

Si β es negativo (-), entonces el momento de guiñada generado es también negativo ($N-$): <u>*estabilización*</u>

Figura_1.29 *Posición adecuada del estabilizador vertical para estabilidad direccional estable. C-1.*

1.7.2 Influencia de la Distribución de Áreas alrededor del Eje Longitudinal

Dependiendo de la situación relativa de las áreas de la aeronave alrededor del eje transversal y, respecto del cg, éstas podrán actuar como:

- <u>Áreas Desestabilizantes</u>: aquellas situadas por delante del cg.
- <u>Áreas Estabilizantes</u>: aquellas situadas por detrás del cg.

La obtención de estos resultados puede verse en el ejemplo descrito gráficamente de la *Figura_1.30* , en donde suponiendo que aparece repentinamente una ráfaga de aire lateral que genera un ángulo de guiñada β, se consigue la situación expuesta y curvas planteadas para cada semicuerpo de la aeronave.

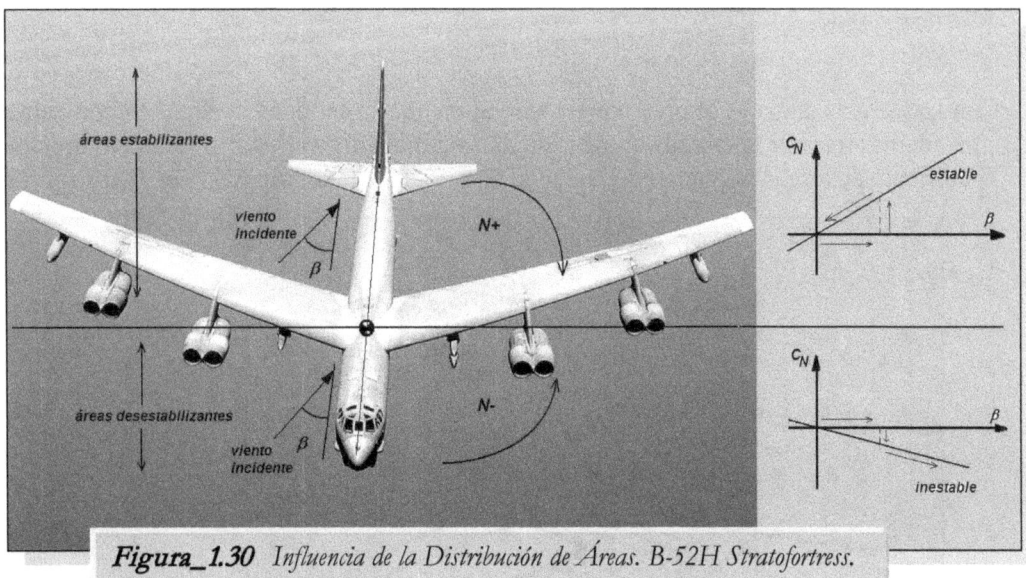

Figura_1.30 Influencia de la Distribución de Áreas. B-52H Stratofortress.

Al igual que en el estudio de estabilidad longitudinal, para conseguir estabilidad estable direccional interesa también que el *cg* esté desplazado hacia delante, predominando las áreas estabilizantes. Por tanto, el morro de la aeronave debe ser lo más pequeño posible, con los pesos desplazados hacia delante.

Figura_1.31 Deriva dorsal, prolongación del estabilizador vertical. C-133 Cargomaster.

A veces, se sitúan aletas detrás del *cg* de la aeronave, aumentando de este modo las áreas por detrás de éste, consiguiendo así mayor estabilidad direccional.

Un caso particular de esta situación son aquellas aletas ubicadas justo por delante del estabilizador vertical, constituyendo prolongaciones del mismo, nombradas como *derivas dorsales*. Ver *Figura_1.31*.

Con las derivas dorsales se pretende no sólo aumentar la cantidad de áreas estabilizantes, sino además retrasar la entrada en pérdida del estabilizador vertical: sirven para deflectar la corriente de aire incidente, reduciendo el ángulo de ataque original. Ver *Figura_1.32*.

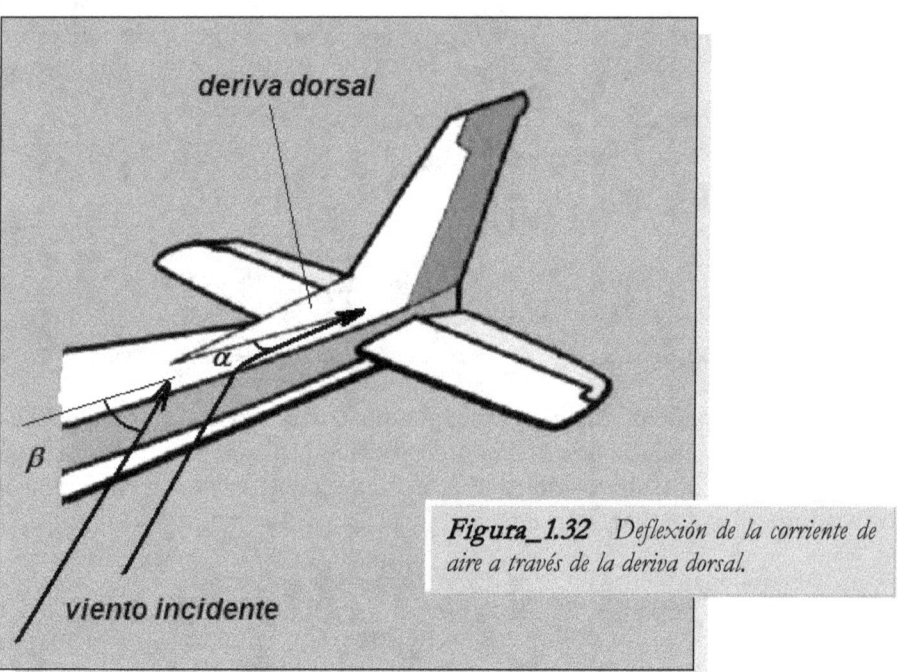

Figura_1.32 Deflexión de la corriente de aire a través de la deriva dorsal.

1.7.3 Influencia de la Flecha.

Influye de manera significativa en la estabilidad direccional, sobre todo si es muy acusada.

La aparición de un ángulo de guiñada β distinto de cero hace que en el ala con flecha regresiva la resistencia inducida Di sea de diferente magnitud en cada semiala; esta descompensación produce un momento de guiñada estabilizador que reduce el ángulo de guiñada hasta desaparecer, cuando este último sea nulo.

Ver *Figura_1.33*.

Figura_1.33 *Ejemplo de Influencia de Flecha Regresiva en la Estabilidad Direccional. B-52G Stratofortress.*

1.7.4 Influencia de la Posición de los Motores.

Los motores en marcha, al igual que para la estabilidad longitudinal, modifican los puntos de estudio tenidos en cuenta hasta ahora respecto de la estabilidad direccional.

En general, interesa tener los motores por detrás del *cg*, de modo que proporcionen fuerza direccional estabilizante.

En realidad, la influencia de la posición de los motores respecto del *cg* es importante sobre todo en aviones con turbohélice o motores con hélices. Para aviones con motor a reacción también influye, especialmente en los turbofán con gran índice de derivación, aunque menos que en los anteriores.

Los perfiles de las hélices o álabes de fan o compresor de entrada de los motores generan una componente de fuerzas aerodinámicas, perpendicular al eje longitudinal del avión, tanto mayor cuanto mayor sea el ángulo de guiñada β producido por el viento incidente[5]. Esta fuerza es la que provoca un momento de guiñada estabilizador o no en función de cómo se comporte respecto de la dirección del viento incidente.

Para motores por detrás del *cg* el momento de guiñada generado es estabilizante, ya que reduce el ángulo de guiñada. Ver *Figura_1.34*.

---

[5] Siempre dentro de los límites de ángulo de ataque de los perfiles considerados, para que éstos no entren en pérdida.

Figura_1.34 *Ejemplo de Influencia de la posición de motores respecto al cg. B36 PeaceMaker.*

1.7.5 Alteración del Control Direccional.

El control direccional se consigue variando la posición de la curva característica de estabilidad direccional de la aeronave hacia arriba o hacia abajo.

En la práctica, esto se lleva a cabo haciendo uso del timón de dirección (*"rudder"*). Ver *Figura_1.35*.

(a) <u>Timón de dirección a la derecha</u>: genera un momento de guiñada positivo adicional en la cola vertical, que hace que la curva de estabilidad se desplace hacia arriba, con el consiguiente retraso del punto $\beta(C_n = 0) = \beta_d$, por lo que el viento incidente quedará orientado a la izquierda del eje longitudinal.

(b) <u>Timón de dirección a la izquierda</u>: genera un momento de guiñada negativo adicional en la cola vertical, que hace que la curva de estabilidad se desplace hacia abajo, por lo que el punto $\beta(C_n = 0) = \beta_i$ se adelanta, haciendo que el viento incidente quede orientado a la derecha del eje longitudinal.

1. Estabilidad y Control

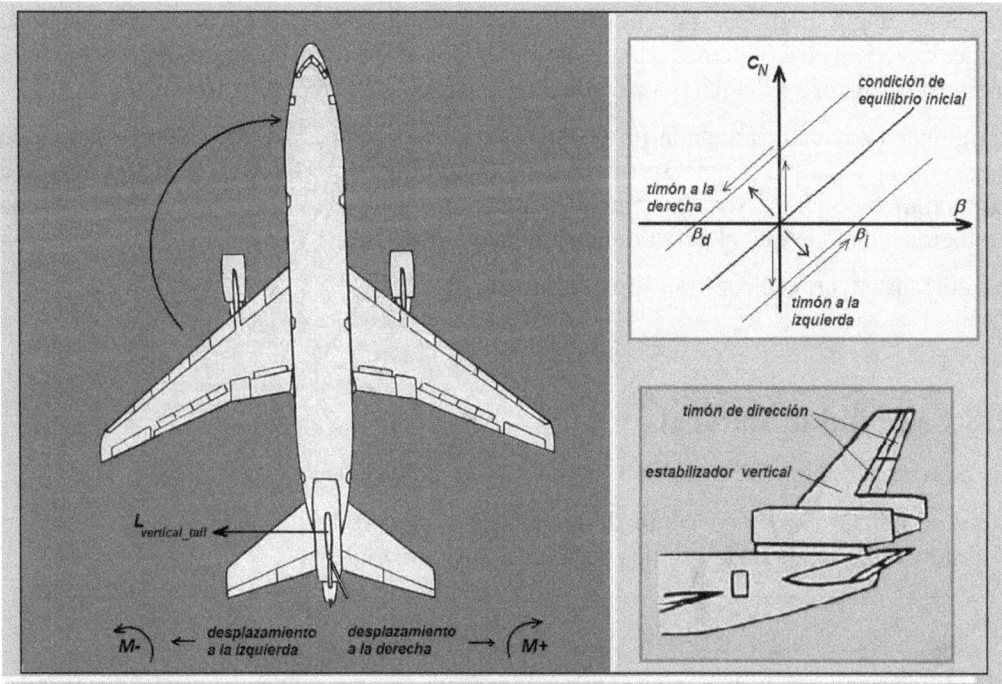

Figura_1.35 *Variación de la curva de estabilidad direccional con el timón de dirección. DC-10.*

1.7.6 Guiñada Adversa.

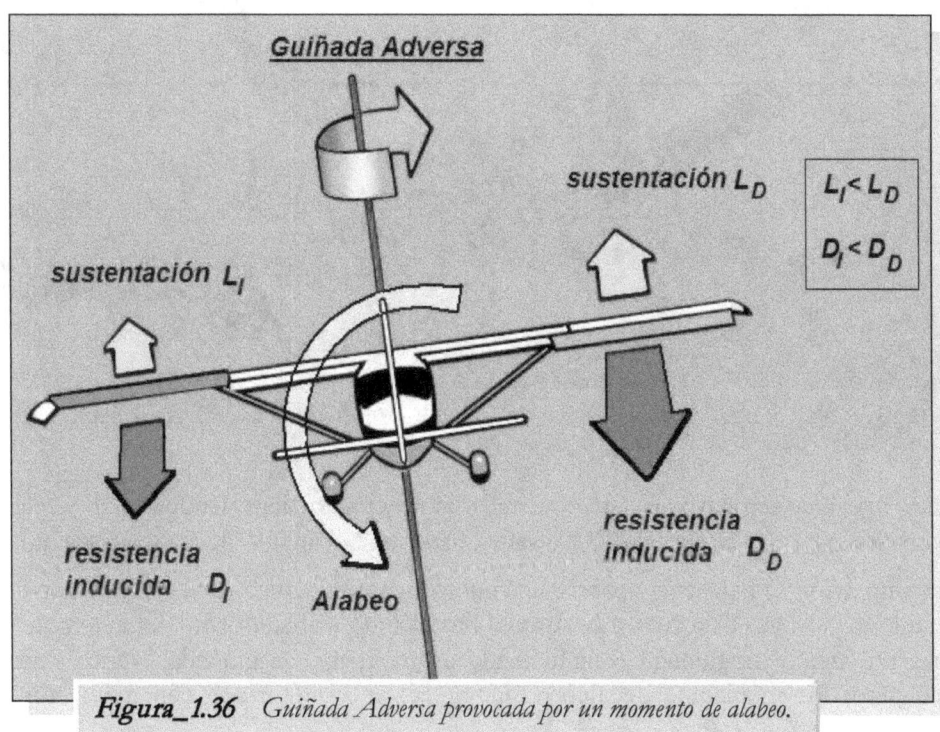

Figura_1.36 *Guiñada Adversa provocada por un momento de alabeo.*

Sistemas de Vuelo Automático

En condiciones normales de vuelo, un momento de alabeo induce un momento de guiñada y viceversa. Además, el sentido de ambos suele estar en sincronía; esto es, por ejemplo, un alabeo a derechas se ayuda de una guiñada a derechas y, al revés

La guiñada adversa es aquella provocada por un momento de alabeo pero con sentido contrario al esperado. Como se observa en el ejemplo de la *Figura_1.36*, un alabeo a izquierdas produce mayor resistencia inducida en el ala derecha, con respecto del ala izquierda, de modo que el avión tiende a guiñar a derechas.

La guiñada adversa se controla con el timón de dirección.

1.8 Estabilidad Lateral

Estudio de la estabilidad a que dan lugar los momentos de alabeo.

Aquí se trabaja con el concepto de ángulo de alabeo δ: "aquel formado por el plano definido por la unión de las puntas de las alas y el horizonte".

Figura_1.37 Definición de ángulo de alabeo. Bombardier Q-400.

Se dice que una aeronave es lateralmente estable cuanto tiene tendencia a nivelarse horizontalmente ("*Levelling*" o *LVL*), a saber, hacer que el ángulo de alabeo δ sea nulo.

Cuando un avión se balancea, aparece una componente horizontal de la sustentación, en el sentido del alabeo. Esta fuerza horizontal produce un resbalamiento del avión que da lugar a un ángulo de guiñada β, induciendo un momento de guiñada. Nunca existirá alabeo puro: los momentos de alabeo siempre están combinados con momentos de guiñada. Ver *Figura_1.38*.

1. Estabilidad y Control

Figura_1.38 *Generación de la componente horizontal de sustentación por alabeo. Por simplificar, se han representado cg y cp en el mismo punto. B747-400.*

Considerando el criterio de signos ya especificado en la *Figura_1.1*, gráficamente se obtienen curvas para la estabilidad lateral como las expresadas en la *Figura_1.39*. Aquí se utiliza A como momento de alabeo, al que le corresponde C_a como coeficiente equivalente, en función del ángulo de alabeo δ.

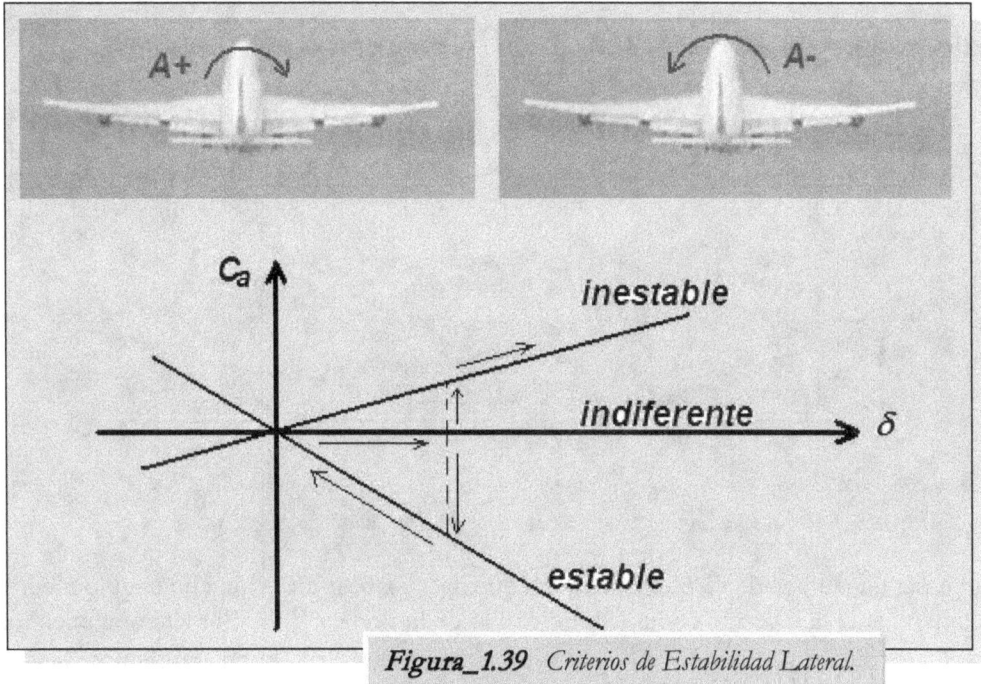

Figura_1.39 *Criterios de Estabilidad Lateral.*

El grado de estabilidad de la aeronave viene dado por el valor de la pendiente de la recta $C_a(\delta)$ obtenida. Cuanto más negativa es la pendiente, mayor es la estabilidad lateral conseguida.

Sistemas de Vuelo Automático

Observar que aquí, como en la estabilidad direccional, no se habla de punto de compensación, ya que el equilibrio viene dado por un punto fijo marcado en el origen por el valor $C_a(\delta = 0) = 0$.

Los elementos estructurales que influyen en la estabilidad lateral, por orden de influencia, son los siguientes:

1. Efecto del ángulo diedro.
2. Efecto diedro.
   - Flecha.
   - Tamaño del estabilizador vertical.
   - Sección frontal del fuselaje.
   - Posición del ala.

1.8.1 Efecto del Ángulo Diedro.

El ángulo diedro ρ es aquel formado por cada semiala con el eje transversal de la aeronave. Representa la base de la estabilidad lateral.

Figura_1.40 *Definición de ángulo diedro. B747- Transbordador_Columbia.*

Supuesta una ráfaga de viento asimétrica, que hace alabear un avión con ángulo diedro ρ positivo hacia la derecha, como en el ejemplo de la *Figura_1.41*. Sin tener en cuenta el efecto del diedro y al ser $L_V < W$, el avión empieza a caer y, al mismo tiempo, resbala hacia la derecha.

Considerando el efecto del ángulo diedro positivo, se va a producir un momento de alabeo a izquierdas que tiende a nivelar las alas. Con el tiempo alcanzará su posición de equilibrio. Ver *Figura_1.42*.

1. Estabilidad y Control

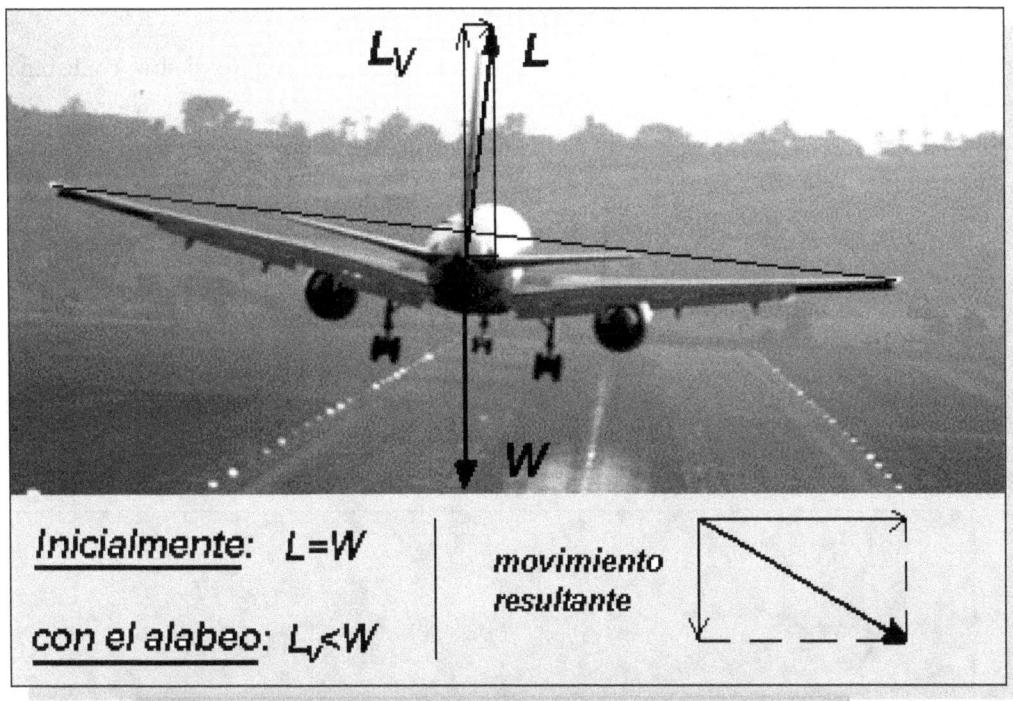

Figura_1.41 Ejemplo de perturbación lateral y sus efectos iniciales.

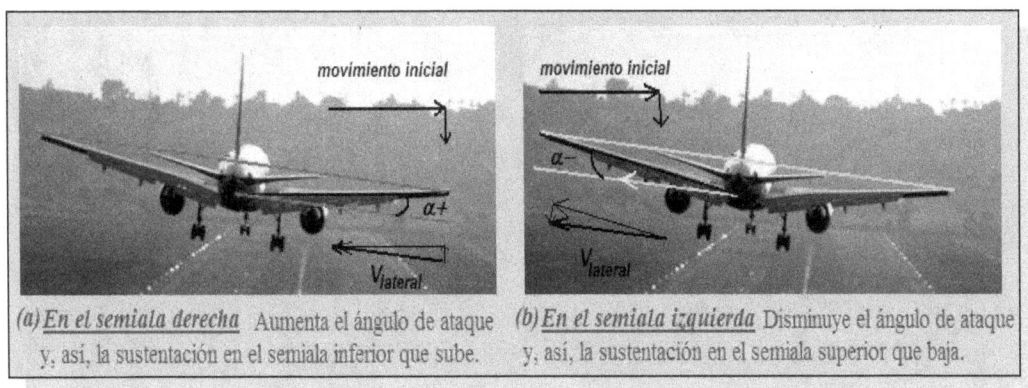

Figura_1.42 Ejemplo de efecto del ángulo diedro positivo ante una perturbación lateral.

En definitiva, el tipo de ángulo diedro influye del siguiente modo en la estabilidad lateral:

- Diedro Positivo: Estabilidad estable.
- Diedro Nulo: Estabilidad indiferente.
- Diedro Negativo: Estabilidad inestable.

1.8.2 Efecto Diedro.

Toda aquello que influya en la estabilidad lateral, excepto el ángulo diedro, contribuye al "efecto diedro".

Se considera como influencia directa los siguientes elementos y características de la aeronave:

- <u>Flecha</u>. El ala con flecha regresiva tiene el mismo efecto que el ángulo diedro positivo. Supuesto una perturbación lateral sobre un avión que hace que el ala izquierda suba y, por tanto, resbale hacia la derecha. Ver *Figura_1.43*. El viento incidente aparece con un ángulo de guiñada positivo, que la flecha tiende a corregir guiñando a derechas; pero, al mismo tiempo, el aumento de la sustentación en el semiala derecha, respecto del semiala izquierda que disminuye, debido a la flecha regresiva, provoca un balanceo adverso que estabiliza lateralmente la aeronave.

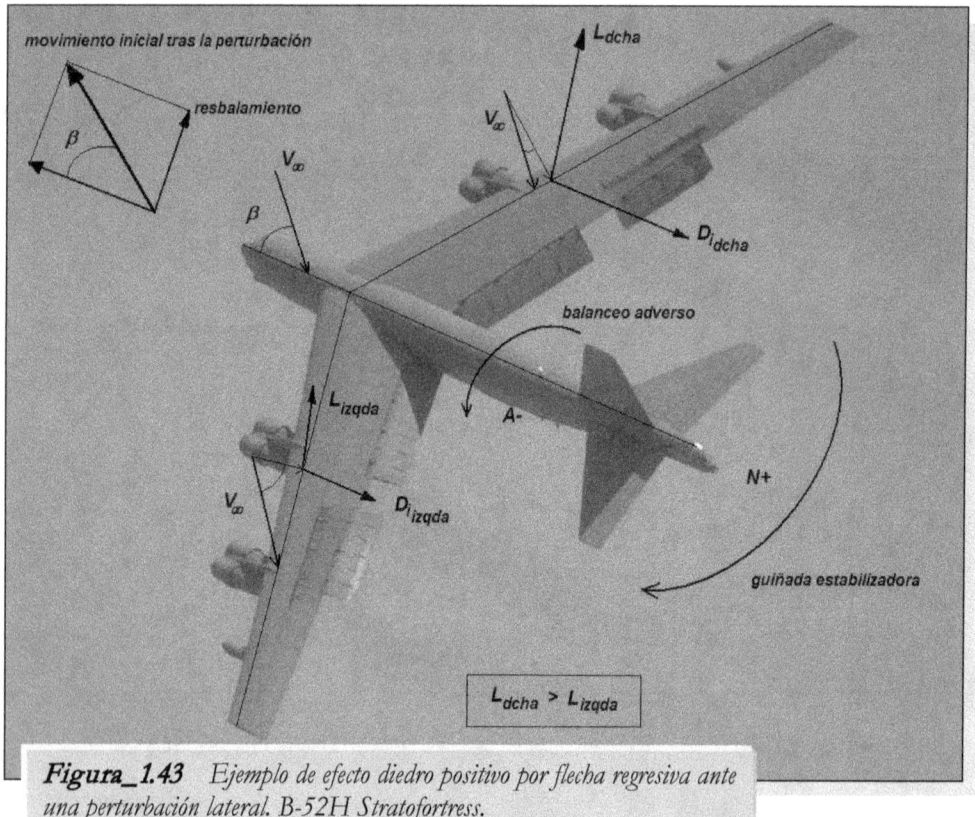

Figura_1.43 *Ejemplo de efecto diedro positivo por flecha regresiva ante una perturbación lateral. B-52H Stratofortress.*

La flecha regresiva contribuye positivamente tanto a la estabilidad lateral como a la direccional. Existe alguna aeronave con flecha progresiva que proporciona inestabilidad lateral y direccional pero, a cambio, contribuye en un elevado control en maniobras de alabeo y cabeceo.

Ver Ejemplo de la *Figura_1.44*.

Figura_1.44 *Ejemplo de efecto diedro negativo por flecha progresiva ante una perturbación lateral que levanta el ala izquierda. Grumman X-29.*

- Tamaño del estabilizador vertical. Interesa para conseguir estabilidad lateral estable que sea grande y esté situado por encima del *cg*.

- Sección frontal del fuselaje. La altura de la sección elevada contribuye a la estabilidad lateral estable. Por ello, en ocasiones se utilizan secciones frontales elípticas cuya altura representa el eje mayor.

- Posición del ala. Cuanto más alto esté el *cp* del avión respecto del *cg*, mayor estabilidad lateral estable. Por tanto, en este sentido, interesa el ala en posición alta.

Ver ejemplo de la *Figura_1.45*, de una perturbación lateral consistente en una ráfaga de aire ascendente sobre el ala derecha de la aeronave y, la actuación estabilizadora de las tres características anteriores.

Figura_1.45 *Ejemplo de efecto diedro positivo bajo una perturbación lateral. C-1.*

1.8.3 El Ala con Diedro Negativo.

Puede parecer que no resulta razonable encontrar una aeronave con diedro negativo, ya que genera inestabilidad lateral. Sin embargo, es más común en la práctica de lo que se pueda pensar en principio.

Sobre todo, en aeronaves de carga donde se utiliza un fuselaje con gran sección frontal, además de estabilizador vertical de gran tamaño y ala en posición alta con flecha, el

1. Estabilidad y Control

grado de estabilidad lateral conseguido por efecto diedro es importante. Esto hace que el control lateral para maniobras de alabeo sea reducido.

La forma de conseguir aumentar el control lateral es reducir la estabilidad lateral. Esto se hace, sin perder características funcionales, es decir, sin modificar excesivamente la estructura de la aeronave, utilizando un efecto del diedro compensador de tipo negativo. Por ello, cuanto mayor sea el efecto diedro positivo, mayor será el ángulo diedro negativo compensador usado. Ver ejemplo de la *Figura_1.46*.

Figura_1.46 *Ejemplo de aeronave con ángulo diedro negativo. C-5A Galaxy.*

1.8.4 Alteración del Control Lateral.

El control lateral se consigue teóricamente variando la posición de la curva característica de estabilidad lateral de la aeronave hacia arriba o hacia abajo. En la práctica, esto se lleva a cabo haciendo uso de los alerones ("*ailerons*"), superficies de control que a diferencia de los timones, se reflectan antisimétricamente.

Ver *Figura_1.47*.

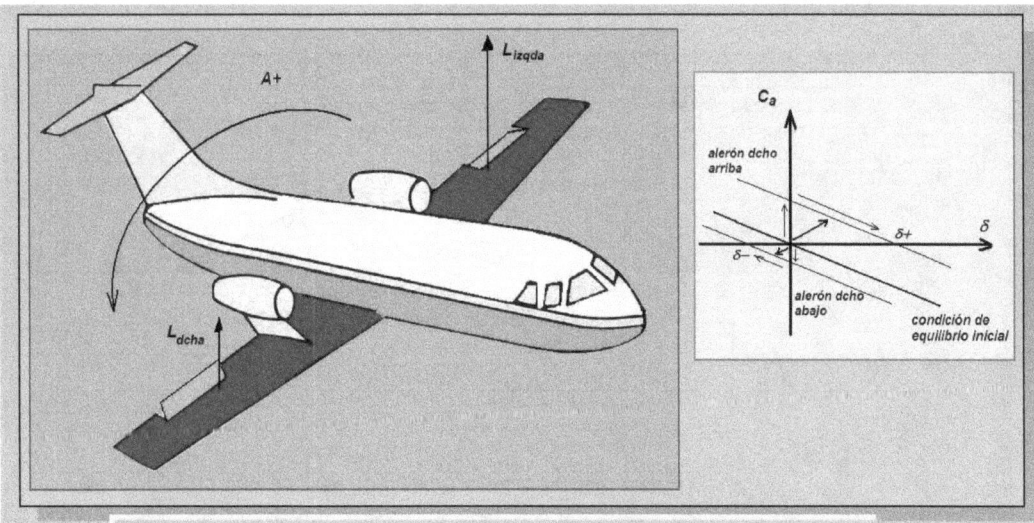

Figura_1.47 *Variación de la curva de estabilidad lateral con los alerones.*

(a) <u>Alerón izquierdo abajo y Alerón derecho arriba</u>: genera un momento de alabeo positivo, que hace que la curva de estabilidad se desplace hacia arriba, con el consiguiente adelanto del punto $\delta(C_a = 0) = \delta +$, por lo que el avión se estabiliza alabeado hacia la derecha.

(b) <u>Alerón izquierdo arriba y Alerón derecho abajo</u>: genera un momento de alabeo negativo, que hace que la curva de estabilidad se desplace hacia abajo, por lo que el punto $\delta(C_a = 0) = \delta -$ se retrasa, haciendo que el avión se estabilice alabeado hacia la izquierda.

1.8.5 Estabilidad Dinámica Lateral y Direccional.

Relacionadas entre sí, ya que movimientos de balanceo producen guiñada y viceversa. Los modos de inestabilidad lateral-direccional combinados más importantes son:

- Divergencia Espiral.
- Balanceo del Holandés.
- La Barrena.

1.8.5.1 Divergencia Espiral

Inestabilidad lateral-direccional característica de las aeronaves con predominio de la estabilidad estable direccional frente a la estabilidad estable lateral.

La guiñada adversa puede frenar parte de la intensidad de la divergencia espiral.

Recibe este nombre al generar una trayectoria en espiral suave hacia abajo, que si no es controlada se hace cada vez mayor.

Ver ejemplo siguiente de la *Figura_1.48*, donde se dan características propias de esta inestabilidad.

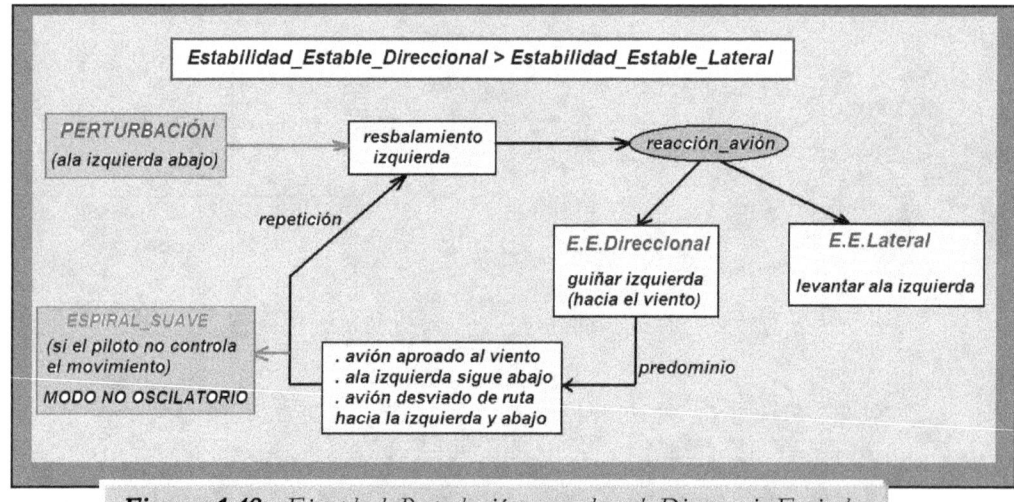

Figura_1.48 *Ejemplo de Perturbación generadora de Divergencia Espiral.*

1. Estabilidad y Control

1.8.5.2 Balanceo del Holandés.

Inestabilidad lateral-direccional característica de las aeronaves con predominio de la estabilidad estable lateral frente a la estabilidad estable direccional.

A diferencia de la divergencia espiral, se trata de un modo oscilatorio tridimensional combinación de dos oscilaciones en alabeo y guiñada, característico de un periodo pequeño y, a efectos de comfortabilidad del pasaje, bastante molesto.

Este nombre procede de su traducción inglesa "*Dutch_Roll*", indicativa del movimiento oscilatorio en dos planos diferentes.

El Balanceo del Holandés es característico de aviones con flecha acusada y, por su efecto en el pasaje, se intenta amortiguar de forma artificial. Es decir, es habitual en los aviones donde se da esta inestabilidad que lleven un SAS para amortiguarla rápidamente.

En este caso, el SAS se denomina Amortiguador de Guiñada o "*Yaw_Damper*", que actuando directamente sobre el timón de dirección anula la oscilación en guiñada, evitando así la realimentación de la oscilación en alabeo, que desaparece por sí sola.

La solución a la inestabilidad está en eliminar una de sus dos oscilaciones características, puesto que ambas se realimentan, haciendo que el movimiento permanezca en el tiempo.

Se decide actuar sobre la oscilación en guiñada y no sobre la oscilación en alabeo ya que, al existir predominio de estabilidad estable lateral frente a la direccional, la oscilación alrededor del eje Z tiene menos energía y es más fácil de anular.

Ver ejemplo siguiente de la *Figura_1.49*, donde se dan características propias de esta inestabilidad.

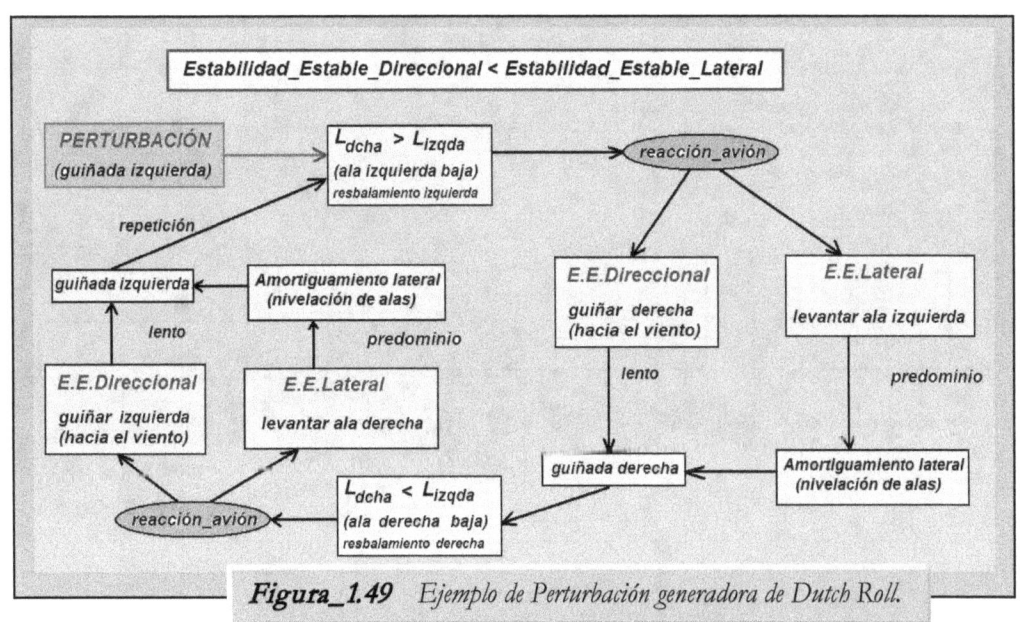

Figura_1.49 *Ejemplo de Perturbación generadora de Dutch Roll.*

Sistemas de Vuelo Automático

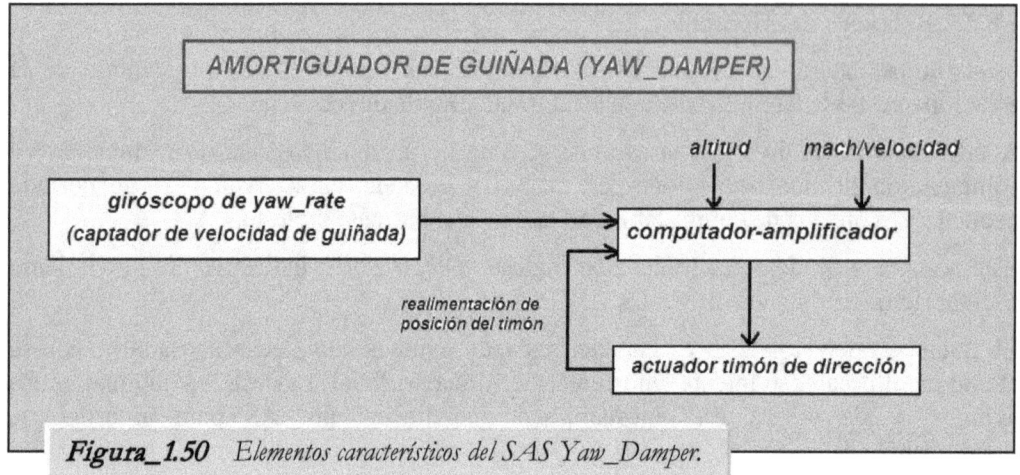

Figura_1.50 *Elementos característicos del SAS Yaw_Damper.*

1.8.5.3 La Barrena.

Inestabilidad generada por pérdida de control lateral que produce una trayectoria espiral de caída, además de rotación de la propia aeronave alrededor de su *cg*. Difiere de la divergencia_espiral en que:

- Se produce para elevados ángulos de ataque, que dan lugar a entrada en pérdida de parte de las superficies aerodinámicas.
- Velocidades pequeñas.
- Velocidad vertical de descenso reducida.

En la *Figura_1.51* se hace una descripción del proceso de generación de la Barrena y su mantenimiento en el tiempo.

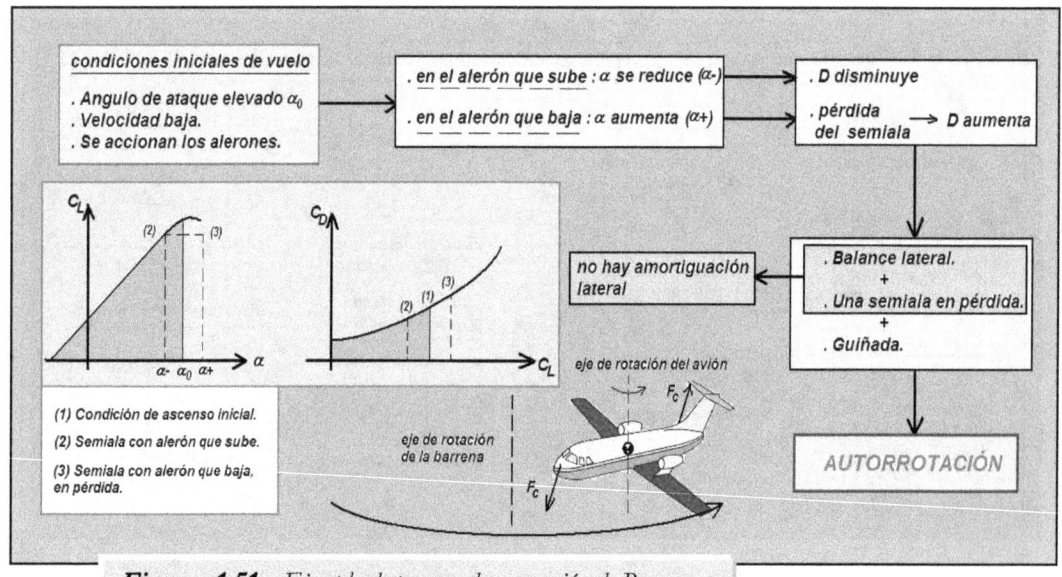

Figura_1.51 *Ejemplo de proceso de generación de Barrena.*

Cuando una aeronave ha entrado en Barrena, la forma de salir de ella consiste en eliminar las condiciones iniciales que la dieron lugar. Es decir, reducir el ángulo de ataque y aumentar la velocidad, utilizando los timones de profundidad y dirección, para entrar en una maniobra de picado con velocidad vertical de descenso elevada, que haga que el semiala en pérdida recupere la capa límite desprendida.

De este modo, con sustentación en ambas semialas, desaparece la autorrotación y se recupera el control.

1.9 Peso y Centrado. Hojas de Carga.

A efectos de estabilidad, resulta importante conocer en todo momento la posición del *cg* de la aeronave[6]. Se ha visto que todos los momentos, dados por perturbaciones, estabilizantes de las mismas o bien generados para control, están referidos al *cg*. La influencia de los distintos elementos estructurales depende también de donde esté ubicado este punto característico.

En definitiva, esta es la razón por la que es necesario saber como se realiza la distribución de pesos en la aeronave y como varía ésta a lo largo del vuelo.

La posición del *cg* dependerá de la distribución de pesos efectuada. Pero además su posición será variable si la distribución de pesos es cambiante durante el vuelo.

Para conocer la posición del *cg* al comienzo del vuelo es necesario hacer un estudio de la distribución de pesos previo al despegue. Teniendo en cuenta que durante el vuelo la aeronave consume combustible, conocidos los cambios de distribución del mismo alrededor de los depósitos según se va consumiendo, se puede saber como variará el *cg* durante todo el vuelo. De este modo, además, se conocerá su posición en el aterrizaje y carrera de aterrizaje.

Las referencias que se utilizan para ubicar el *cg* de una aeronave depende del tipo de aeronave y del propio fabricante. Ver ejemplos de la *Figura_1.52*.

- *En aviones*:
  - Referencia 0 coincidente con el morro del avión (o a cierta distancia por delante). A partir de aquí, se miden las estaciones longitudinales en *cm* o *pulgadas* hacia atrás (*afterwards o AFT*).
  - Referencia 0 coincidente con la posición del *cg* para el avión sin cargar, ni pasaje, ni combustible[7]. Separación de la parte de delante (*forward o FWD*) y de la parte de detrás (*AFT*).
- *En helicópteros*:
  - Referencia 0 coincidente aproximadamente con el centro del mástil del rótor principal. Separación de posiciones hacia *FWD* y hacia *AFT*.

---

[6] En realidad, del *cm* de la aeronave. Si no se dice otra cosa, se refiere a posición longitudinal: transversalmente se encuentra en el eje longitudinal y verticalmente su variación suele ser pequeña.

[7] Es lo que se conoce como *DOW o Dry_Operating_Weight*.

➢ Referencia 0 a cierta distancia por delante del morro de la aeronave, pasadas las palas del rótor principal (círculo del rótor). Posiciones medidas hacia *AFT*.

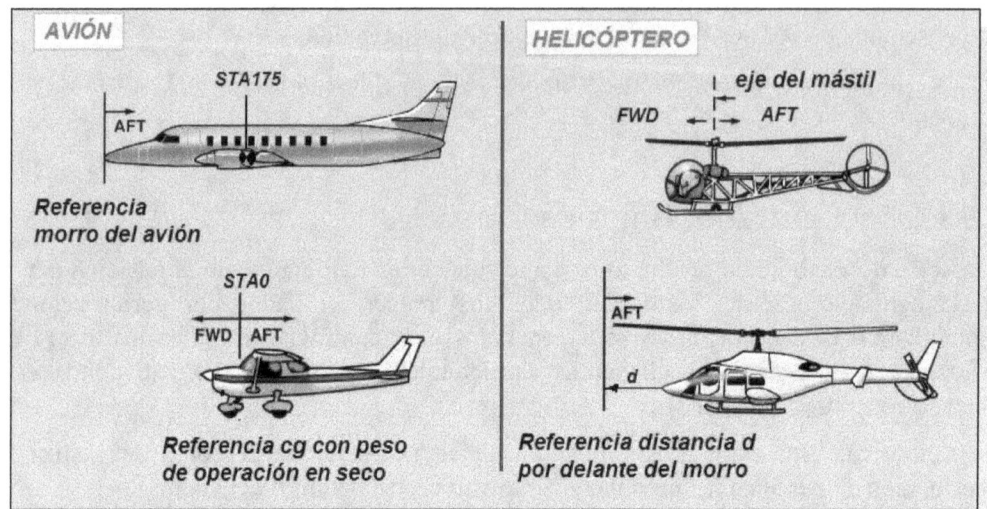

Figura_1.52 *Ejemplos de Referencias longitudinales en distintos tipos de aeronaves.*

En la práctica, todo este estudio denominado de "*pesaje y centrado*" ("*weight and balance*") se lleva a cabo utilizando las "*hojas de carga*" ("*load and balance sheet*").

Rellenadas por la tripulación de vuelo ("*crew_member*" o *CM* [8]), con datos previos a la realización del mismo.

Una hoja de carga está dividida en tres partes principales:

- <u>Datos del Vuelo</u>: Información básica de registro del vuelo como, Nº_Vuelo, Registro oficial de la aeronave, Origen, Destino, Fecha, CM1/CM2.

- <u>Datos de Pesaje</u>: Información relativa al peso de la propia aeronave vacía, peso del pasaje, carga y combustible. Estos datos se contrastan con los pesos máximos autorizados en cada caso.

    ➢ *Pasaje y Carga*: Se contabiliza el número de personas a bordo, clasificadas en adultos, niños y bebés, a los que se ha asignado por convenio un peso medio. La carga repartida en las bodegas, se contabiliza por paquetes con un peso medio estipulado. Así, se obtiene el **Total_Traffic_Load o TTL**, peso total de pasaje y carga.

    ➢ *Combustible*: El combustible cargado en los depósitos se anota en la hoja de carga una vez la aeronave va a comenzar a moverse hacia la pista. Este se nombra como **Fuel_at_Brake_Release o FBR**. Tener en cuenta que se gasta combustible en las operaciones de *preflight* e incluso de mantenimiento previo, haciendo uso de la APU.

---

[8] *CM1*: Piloto , *CM2*: Copiloto, *CM3:* Ingeniero de Vuelo o Mecánico de Vuelo, *CM4*: Observador ..

1. Estabilidad y Control

> *Aeronave*: La propia aeronave sin TTL, ni FBR, tiene un peso denominado de operación en seco, ***Dry_Operating_Weight o DOW***.

- ***DOW+TTL=ZFW***: Aeronave más Pasaje y Carga es el ***Zero_Fuel_Weight***. El ZFW debe ser menor o igual al peso máximo autorizado MZFW.

- ***ZFW+FBR =TOW***: Aeronave con Pasaje, Carga y Combustible es el ***Take_Off_Weight***. El TOW se ha de corregir si existen retrasos en el despegue. El TOW debe ser menor o igual al peso máximo autorizado MTOW. Existe un peso máximo autorizado superior al MTOW, el MRW o peso máximo en rampa. Considera el gasto de combustible desde rampa a cabecera de pista para despegue.

- ***TOW-ETF = ELW***: Considerando el combustible previsto como gasto durante el vuelo o ***Estimated_Trip_Fuel***, se puede conocer el Peso estimado al Aterrizaje, ***Estimated_Landing_Weight o ELW***. Otra cosa diferente es el ***Landing_Weight o LW***, que es el peso real en el aterrizaje. El LW debe ser menor o igual al peso máximo autorizado MLW.

Los cambios de última hora en el pasaje, ***Last_Minute_Changes o LMC***, obligan a realizar correcciones en el TTL, ZFW, TOW y ELW. Estas correcciones se realizan también durante los vuelos con Tránsitos, donde puede haber cambios en el pasaje.

- Datos de Centrado: Información relativa a la posición del *cg* de la aeronave al despegue, su variación a lo largo del vuelo y posición final estimada en el aterrizaje. La posición del *cg* suele expresarse en porcentaje de *MAC* de la aeronave y, si se distingue entre *FWD* y *AFT*, con signo negativo hacia adelante y con signo positivo hacia atrás. Estos datos se contrastan con los valores máximos y mínimos autorizados en cada caso.

> *Aeronave, Pasaje y Carga*: Se parte del ***Indice_de_Operación_en_Seco o DOI***, posición del *cg* sin pasaje, carga, ni combustible. Se corrige el DOI considerando negativamente paquetes de pasaje y carga ubicados hacia FWD y positivamente los paquetes de pasaje y carga colocados hacia AFT.

> *Combustible*: Utilizando la ***tabla del Indice_de_Combustible_Cargado***, en función de cómo se halla hecho el reparto de combustible entre los depósitos, se obtiene un ***Fuel_Loading_Index o FLI***. Existe un FLI para el despegue y otro FLI para el aterrizaje.

> *Gráfico de Centrado*: representación de la posición del *cg* de la aeronave en función de la variación del peso de la misma. Las posiciones del *cg* más características se introducen a partir del ***Loading_Index o LI***:

- DOI corregido por el Pasaje-Carga es el LI para el ZFW.

- DOI corregido por el Pasaje-Carga y el FLI para el TOW es el LI para el TOW.

- DOI corregido por el Pasaje-Carga y el FLI para el ELW es el LI para el ELW.

Marcados estos tres puntos para los pesos ZFW, TOW y ELW, respectivamente, en el Gráfico de Centrado, se unen con líneas rectas definiendo la curva de variación del cg a lo largo del vuelo. Observar que el LI siempre está limitado lateralmente por valores máximos y mínimos y su peso correspondiente debe estar por debajo de los valores máximos permitidos en cada caso, MZFW, MTOW y MLW, respectivamente.

A partir del LI para el TOW y, dependiendo del grado de Flaps que se vaya a utilizar en la maniobra, el gráfico de centrado ofrece un valor concreto de compensación en el despegue para el estabilizador horizontal ("*Stab_Trim*").

Ver ejemplo de Hoja de Carga en la *Figura_1.53*.

Actualmente, el *Sistema de Pesaje y Centrado o WBS* ("*Weight and Balance System*"), se encarga de recoger automáticamente los datos que precisa para controlar durante todo el vuelo el centrado y distribución de pesos, sin necesidad de usar hoja de carga.

1.10 Bibliografía Complementaria.

Otros lugares de consulta de este tema pueden ser:

- *"Aerodinámica y Actuaciones del Avión"*. I.Carmona. Paraninfo.
- *"Ala con Diedro Negativo"*. Empuje_45. Pag 19 a 25.

*NOTA: En la página final se han incluido como anécdota dos aeronaves con un nivel tecnológico de grado superior, a efectos de estabilidad y control del vuelo, además de en otros campos, que representan hitos en el avance del sector aeronáutico, cada una de ellas en su propia época:

- Avión supersónico *Concorde* de la British-Airways y Air-France.
- Convertiplano *V-22 Osprey* del consorcio Bell-Boeing.

1. Estabilidad y Control

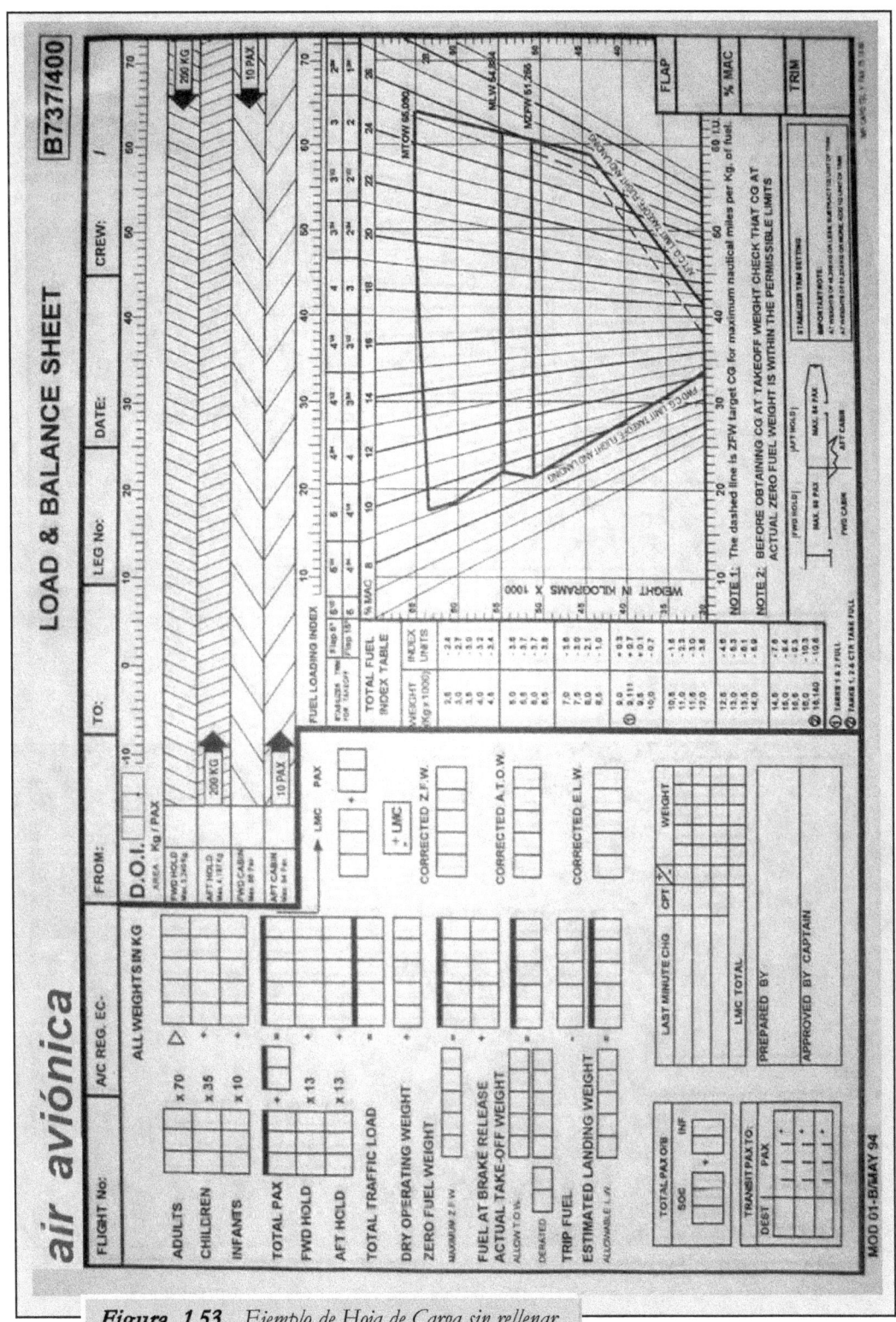

Figura_1.53 *Ejemplo de Hoja de Carga sin rellenar.*

Sistemas de Vuelo Automático

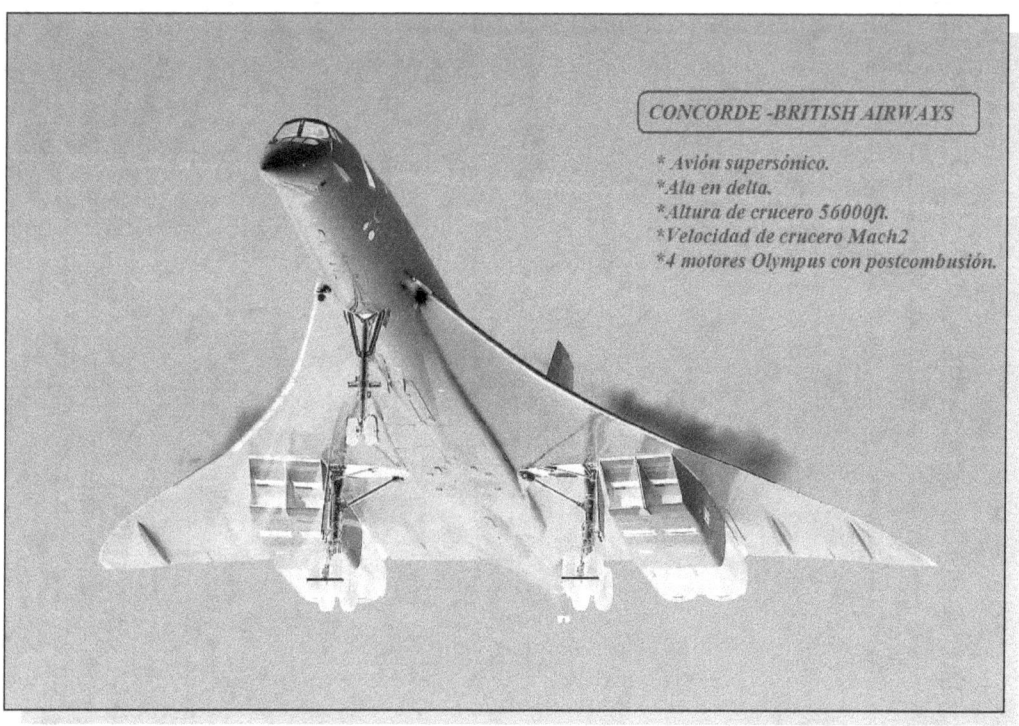

CONCORDE -BRITISH AIRWAYS

* Avión supersónico.
* Ala en delta.
* Altura de crucero 56000ft.
* Velocidad de crucero Mach2
* 4 motores Olympus con postcombusión.

CONVERTIPLANO V-22 OSPREY

* Fabricante Bell-Boeing.
* Procedimientos STOVL.
* Velocidad de crucero 560Km/h.
* Autonomía 2000Km con máxima carga.

SISTEMAS DE VUELO AUTOMÁTICO

Generalidades.

Como hemos comentado en el capítulo anterior, los *Sistemas de Vuelo Automático* (*"Auto Flight System"* o *AFS*) son una particularización de los *Sistemas de Control Automático* o *ACS*.

En todo *ACS* se utilizan cuatro elementos principales de funciones comunes:

- Perceptor de Actitud: se trata de captar la actitud del proceso a controlar, que va a servir como señal indicativa de su comportamiento.

- Detector de Error: generador de la señal de error compuesta por la diferencia entre la *señal de mando* o *Command* y la señal de Actitud anterior.

- Procesamiento de Señales: la *señal de error* debe ser, al menos, amplificada, limitada según el tipo de proceso a controlar y, otros tipos de tratamientos que definen el bloque de procesamiento.

- Aplicación de la Fuerza de Control: las señales de control procesadas se convierten en fuerza de acción con la potencia suficiente, a partir de los denominados *servomotores*.

La aplicación de los conceptos básicos en *ACS* sobre la aerodinámica del vuelo y, en particular, sobre los conceptos de estabilidad y control de la aeronave, constituyen los requisitos previos para el desarrollo de todo *AFS*.

2. SISTEMAS DE CONTROL AUTOMÁTICO

- Introducción a los Sistemas de Control y Servomecanismos.
- Sincros.
- Servomecanismos.
- Introducción a los Sistemas de Control Automático en la Aeronave.
- Compensación y Sincronización.
- Anexo de Sincros.
- Bibliografía Complementaria.

2.1 Introducción a los Sistemas de Control y Servomecanismos.

Suele ser habitual tener que controlar la posición de un dispositivo o proceso, en función de la señal de mando producida por un instrumento o *"command"*. Si la potencia de la señal de mando no es suficiente para realizar directamente la operación, se utilizará un amplificador de potencia. La *unidad_de_control_automático* está compuesta de por lo menos una etapa amplificadora. En general, se encarga del procesamiento de las señales de mando: amplificación, limitación, temporización (retardo o adelanto), ..

Los *Sistemas de Control Automático* o *ACS* (*"Automatic_Control_System"*) se clasifican en dos tipos, en función del origen de las señales de mando que actúan sobre la unidad de control:

- <u>Sistema en Lazo Cerrado</u> (*"closed_loop"*): cuando el command depende de algún parámetro del dispositivo sometido a control. Utiliza realimentación o "feedback" desde el dispositivo de control a la entrada de la unidad de control.
- <u>Sistema en Lazo Abierto</u> (*"opened_loop"*): cuando el command es independiente del dispositivo sometido a control.

Típicamente, un *servosistema* es un sistema en lazo cerrado que funciona mandado por una *señal de error* y que utiliza, al menos una etapa de amplificación de potencia.

A partir del término de servosistema surge el de *servomecanismo*; se entiende por servomecanismo un servosistema asociado a elementos mecánicos.

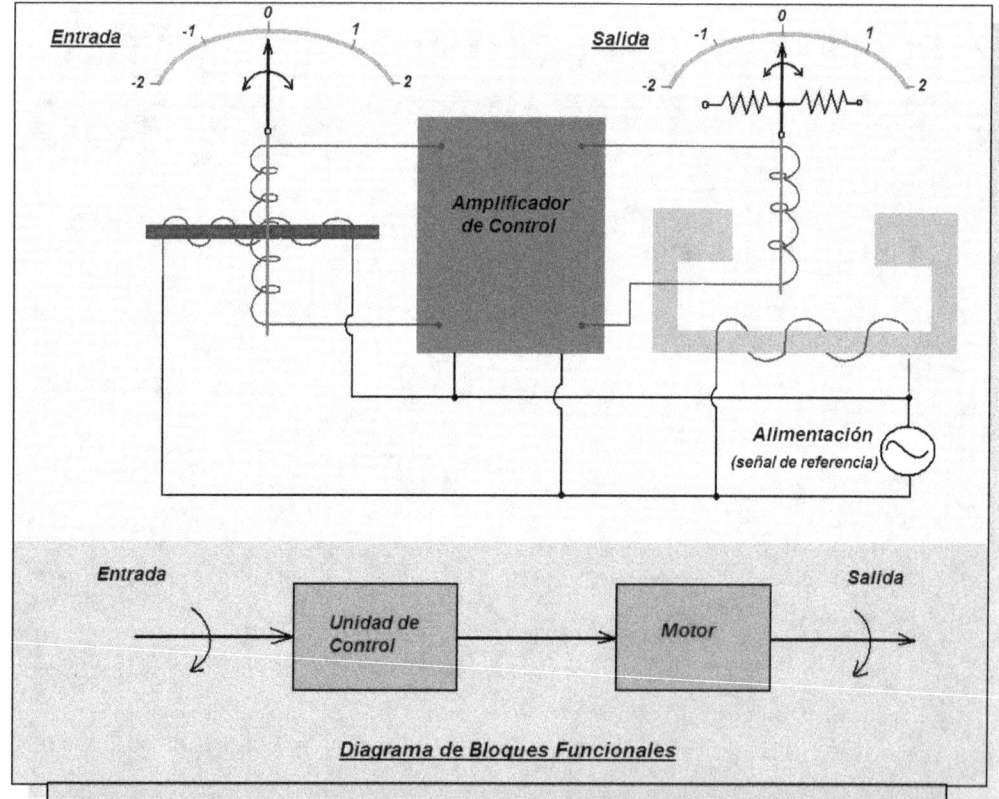

Figura_2.1 *Ejemplo de Circuito en Lazo Abierto y Diagrama de Bloques*

2. Sistemas de Control Automático

La diferencia entre un Sistema en Lazo Abierto y un servomecanismo es apreciable comparando los ejemplos de la *Figura_2.1* y *Figura_2.2*. En ambos se plantea esquemáticamente un circuito de control para transmisión eléctrica de una indicación mecánica, además, del diagrama de bloques funcional correspondiente en cada caso. Pero mientras en la primera situación la transmisión es lineal, en lazo abierto, ya que la señal suministrada al amplificador de control es sólo función de la entrada mecánica; en la segunda situación, en lazo cerrado, la señal suministrada al amplificador de control depende tanto de la entrada mecánica, como de la actuación a la salida del receptor indicador.

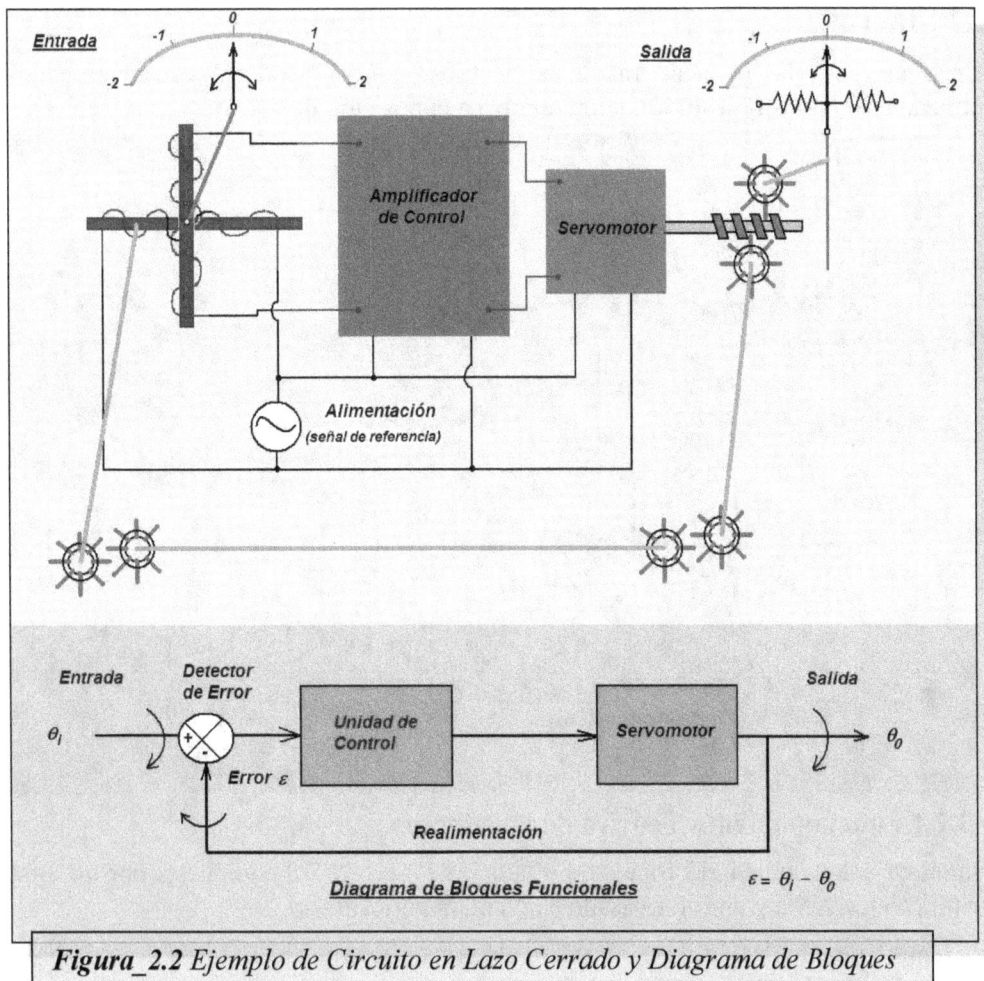

Figura_2.2 *Ejemplo de Circuito en Lazo Cerrado y Diagrama de Bloques*

En todo servomecanismo se pueden observar cinco componentes fundamentales:

1. *Eje de Entrada* o unidad transmisora de datos, define la referencia θ_i a la que debe ajustarse en todo momento la posición de la carga, conectada a la salida.

2. La *Carga* es la parte del sistema a controlar cuya posición θ_0 debe corresponder con la del eje de entrada. Se habla de seguimiento o "*tracking*" de la salida respecto de la entrada.

3. *Detector de Error*, o dispositivo generador de la señal de error ε, diferencia entre la entrada (posición de referencia θ_i) y la salida (posición real de la carga θ_0). A veces, se nombra como comparador entrada-salida.
4. *Unidad de Control*, o elemento mandado por la señal de error, procesador de la misma a efectos de controlar el servomotor encargado de accionar la carga.
5. *Servomotor*, o fuente de movimiento del servomecanismo, encargado de situar la carga en la posición correcta.

2.2 Sincros

Un sincro es una pequeña máquina eléctrica, generalmente, de corriente alterna, utilizada para transmitir información relativa a la posición de un eje.

- Funcionamiento Teórico de los Sincros.
- Clasificación de Sincros.
- Interacción Funcional de Sincros.
- Sistemas de Transmisión a Distancia.
- Sistemas Diferenciales.
- Servosincronizadores.
- Sistema de Telemando.
- Aplicación de sincros: Sistema DF203

2.2.1 Funcionamiento Teórico de los Sincros

Supuesta una máquina eléctrica, como la de la *Figura_2.3a*, compuesta por un estator trifásico en estrella y un rotor basado en un imán permanente.

El sentido de circulación de la corriente eléctrica (electrónica) a través de cada bobina determina la polaridad magnética de la misma:

- el terminal de entrada de la corriente define el Sur magnético (S);
- la salida de la corriente se corresponde con el Norte magnético (N);
- el vector campo magnético siempre tiene la dirección longitudinal de la bobina, sentido N-S (flecha-extremo) y amplitud dependiente de las características de la bobina (número de espiras, sección del conductor, tipo de núcleo magnético) y del valor de la corriente eléctrica.

Supuesta la máquina eléctrica de la *Figura_2.3a* conectada como en la *Figura_2.3b* con alimentación de corriente continua.

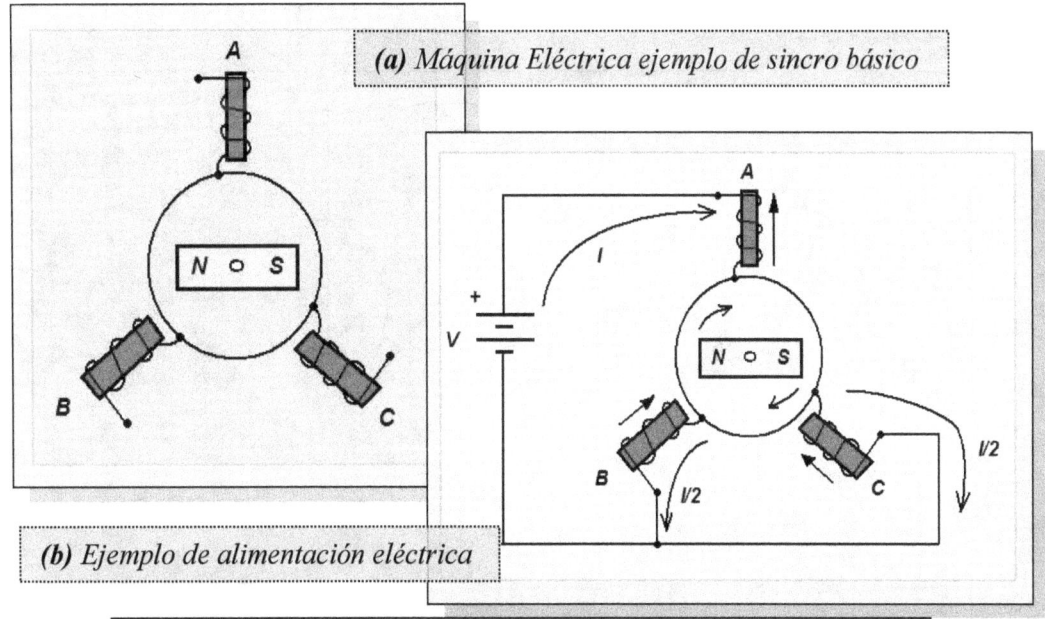

Figura_2.3 Fundamento Teórico del Funcionamiento de un Sincro

Se obtiene un campo magnético en el estator definido por la suma vectorial de los tres vectores de campo magnético asociados a las tres bobinas A, B y C. Ver *Figura_2.4a*. El vector campo magnético del rotor tiende a alinearse con el vector campo magnético del estator y, así, el rotor gira hasta orientarse en la posición definida en la *Figura_2.4b*.

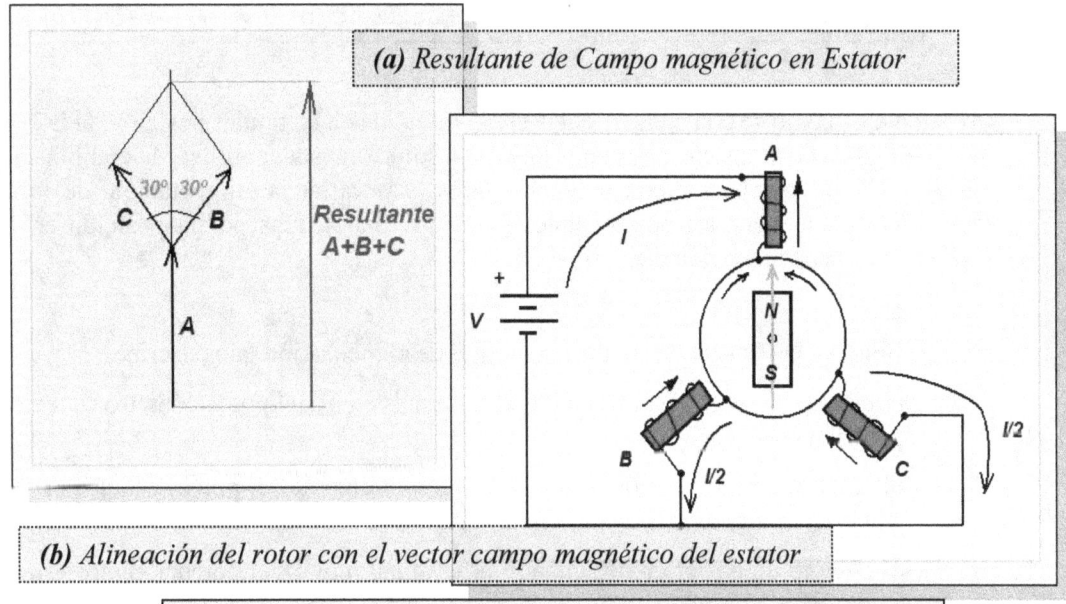

Figura_2.4 Ejemplo de posicionamiento del eje de salida en $0°$

Sistemas de Vuelo Automático

Cambiando la forma de alimentar dicha máquina eléctrica se puede conseguir orientar el eje de salida, conectado al rotor, en diferentes posiciones alrededor de los 360°. En la *Figura_2.5* se plantean seis circuitos, con los que se consiguen orientaciones de salida de 30° en 30°, hasta los 180°.

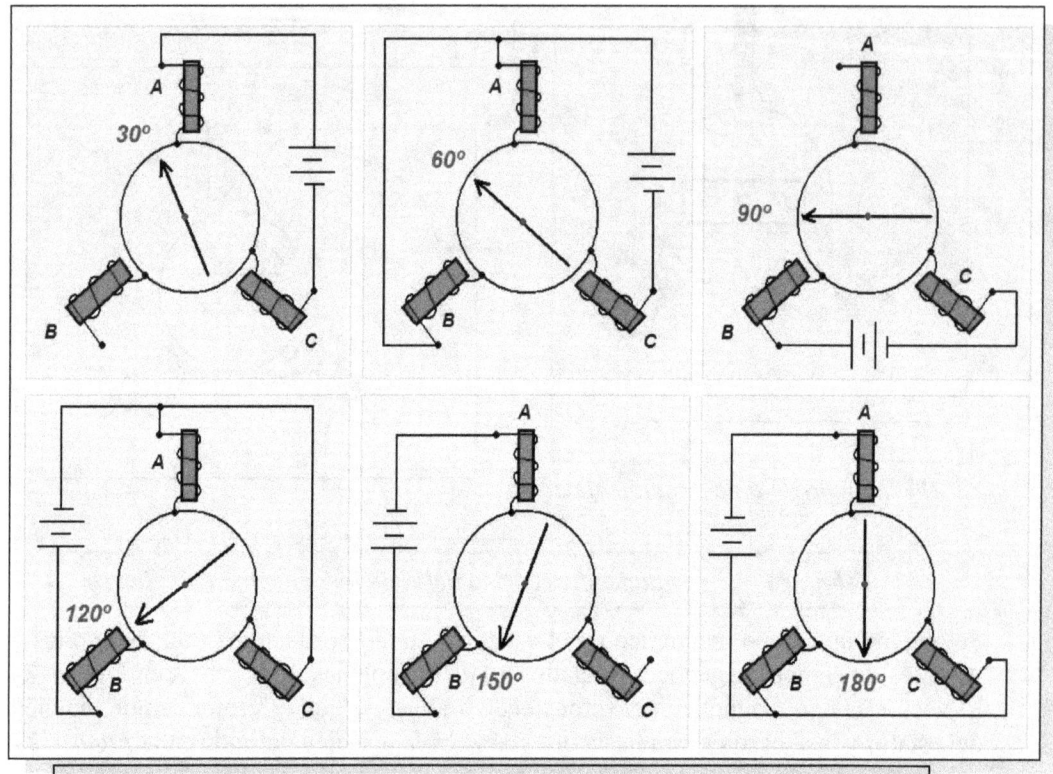

***Figura_2.5** Orientaciones del eje de salida de 30° en 30° hasta los 180°*

Ahora bien, ¿cómo se consigue orientar el eje de salida en cualquier posición dada entre las conseguidas con los circuitos anteriores? La solución está en utilizar la combinación de los circuitos planteados con potenciómetros para variar la alimentación, de forma que se consigan todas las posibilidades entre dos fijas, dadas por la posición en los extremos de cada potenciómetro utilizado.

Por ejemplo, en la *Figura_2.6* se utiliza un tipo de alimentación que describe,

- el circuito de posición 0°, cuando el terminal móvil del potenciómetro está en su posición más baja;
- el circuito de posición 60°, cuando el terminal móvil del potenciómetro está en su posición más alta;
- el circuito de posición 30°, cuando el terminal móvil del potenciómetro está en su posición intermedia.

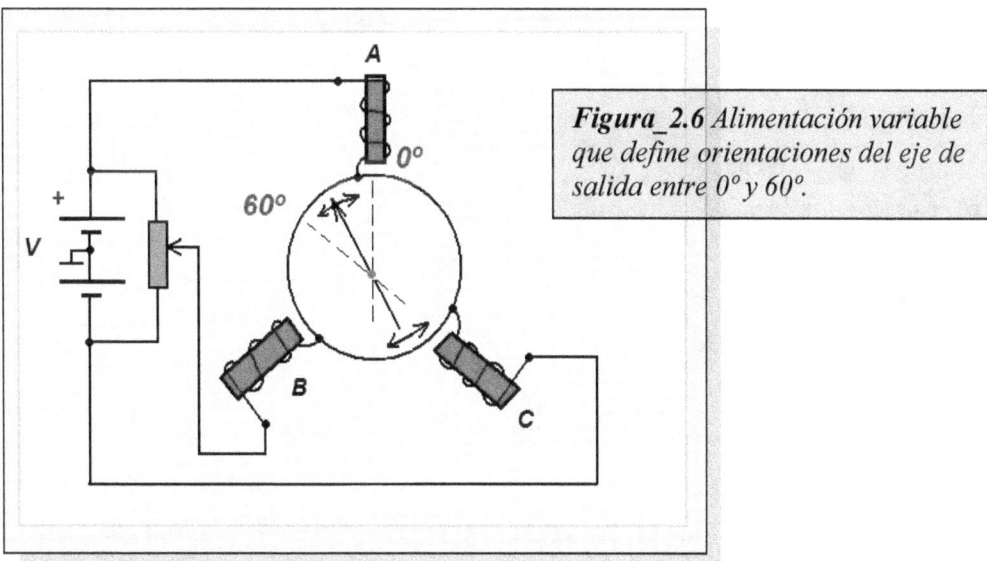

Figura_2.6 *Alimentación variable que define orientaciones del eje de salida entre 0° y 60°.*

En la práctica, la alimentación de los sincros suele hacerse con corriente eléctrica alterna (*AC*). Utilizando ésta en los circuitos anteriores, el imán permanente del rotor se debe sustituir por un núcleo móvil con un arrollamiento alimentado, igualmente, con *AC* a la misma frecuencia y en fase con la alimentación del estator. De este modo se compensan las inversiones del campo magnético en el estator, al ritmo de la frecuencia de su alimentación, con las propias del campo magnético en el rotor, que actuará sincronizadamente, al estar en fase y misma frecuencia que el estator.

Son comunes los sincros fabricados para trabajar a 60Hz o, más específicamente a la frecuencia de alimentación eléctrica en aeronaves de 400Hz. Un sincro es tanto más eficiente cuanto mayor sea la frecuencia a la que opera. Por un lado, la mayor frecuencia de alimentación supone una mayor concentración de las líneas de flujo magnético, lo que supone poder utilizar núcleos magnéticos de menor tamaño, con mismo rendimiento que otros de mayores dimensiones y que funcionan a menor frecuencia. Por otro lado, el menor tamaño de los núcleos del sincro de 400Hz, respecto del de 60Hz, supone unas dimensiones totales menores y menor peso, lo que en aeronaves y, sobre todo, a efectos de integración en equipos electrónicos, se agradece por la necesidad de la reducción de tamaños y pesos.

2.2.2 Clasificación de los Sincros.

En principio, la clasificación más general de los sincros describe el tipo de circuito de control automático en que se están utilizando. Esto es, para un *ACS en lazo abierto* se hablará de *Sincros de Torsión*, mientras que si el *ACS es en lazo cerrado*, los sincros incluidos se nombran como *Sincros de Control*.

En la Tabla siguiente se hace una descripción de los diferentes tipos de sincros, tanto de torsión como de control, dependiendo de su función.

Sistemas de Vuelo Automático

	Tipo de Circuito	
Función	*Torsión*	*Control*
Transmisores	TX	CX
Transmisores Diferenciales	TDX	CDX
Receptores de Torsión	TR/RX	-
Receptores Diferenciales	TDR	-
Transformadores de control	-	CT
Resolvers	-	RS
Transolvers	-	TY

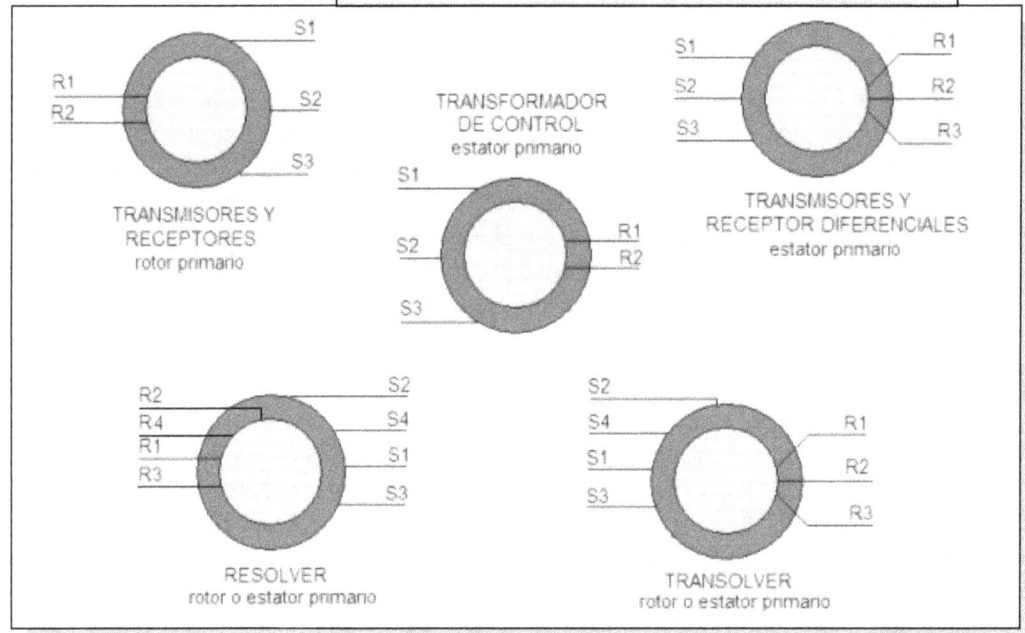

Figura_2.7 Clasificación y Simbología de Sincros.

- **Transmisor o SincroTransmisor (TX,CX):** Realiza la conversión de rotación mecánica sobre el eje de entrada, en señal eléctrica a través del estator. Rotor monofásico primario; estator trifásico.

- **Transmisor Diferencial (TDX,CDX):** Realiza conversión de energía mecánica de adición o substracción y señal eléctrica procedente de un sincrotransmisor u otro transmisor diferencial, en señal eléctrica de salida en rotor. Rotor trifásico; estator trifásico primario.

- **Receptor de Torsión (TR):** Transforma señal eléctrica procedente de un sincrotransmisor o transmisor diferencial en rotación angular proporcional. Exigen estar sincronizados en el circuito con los otros sincros, usando misma señal de referencia. Rotor monofásico primario; estator trifásico.

- **Receptor Diferencial de Torsión (TDR):** Rota su eje de salida a una posición definida como la suma o diferencia entre los ángulos eléctricos de las señales procedentes de dos sincrotransmisores, un sincrotransmisor y un transmisor diferencial o dos transmisores diferenciales. Rotor y estator trifásicos.

- **Transformador de Control (CT):** Genera una señal eléctrica proporcional al seno de la diferencia entre la posición eléctrica definida sobre su estator y la posición mecánica de su eje (rotor). Salida eléctrica monofásica en el rotor y entradas eléctrica trifásica en el estator como primario, procedente de un CX o un CDX, y mecánica en el eje del rotor asociado.

- **Resolver o Servosincronizador (RS):** Produce dos señales eléctricas de salida proporcionales al seno y coseno del giro introducido como entrada mecánica. Sistema reversible, por lo que tanto los bobinados bifásicos del rotor, como los del estator, también bifásicos, pueden ser primarios. Existen Resolvedores de tipo *RS_Transmisores*, *RS_Diferenciales* y *RS_Transformadores_de_Control*.

- **Transolver (TY):** Conversor de señales eléctricas trifásicas en señales eléctricas bifásicas y, viceversa. Es decir, se trata de un adaptador entre sincros monofásico-trifásicos y Resolvedores. Sistema reversible.

2.2.3 Interacción Funcional de Sincros.

La combinación de distintos sincros compatibles eléctricamente, da lugar a los diferentes circuitos eléctricos basados en sincros. A continuación se hace una descripción esquemática de la clasificación de circuitos eléctricos basada en la interacción funcional de sincros.

Tipo de Circuito	*Tipo de Lazo/Control*	*Nomenclatura*	*Esquema de siglas*
Transmisor a Distancia	Abierto/Torsión	Transferencia de Torsión Directa	TX – TR
	Cerrado/Control	Sistema de Control/Telemando	CX – CT – A – M
Sincros Diferenciales	Abierto/Torsión	Posicionamiento Diferencial	TX – TDX – TR
			TX1- TDR – TX2
	Cerrado/Control	Posicionamiento de Error	CX-CDX-CT-A-M
Servosincronizadores	Cerrado/Control	Resolvedor	RS-A-M

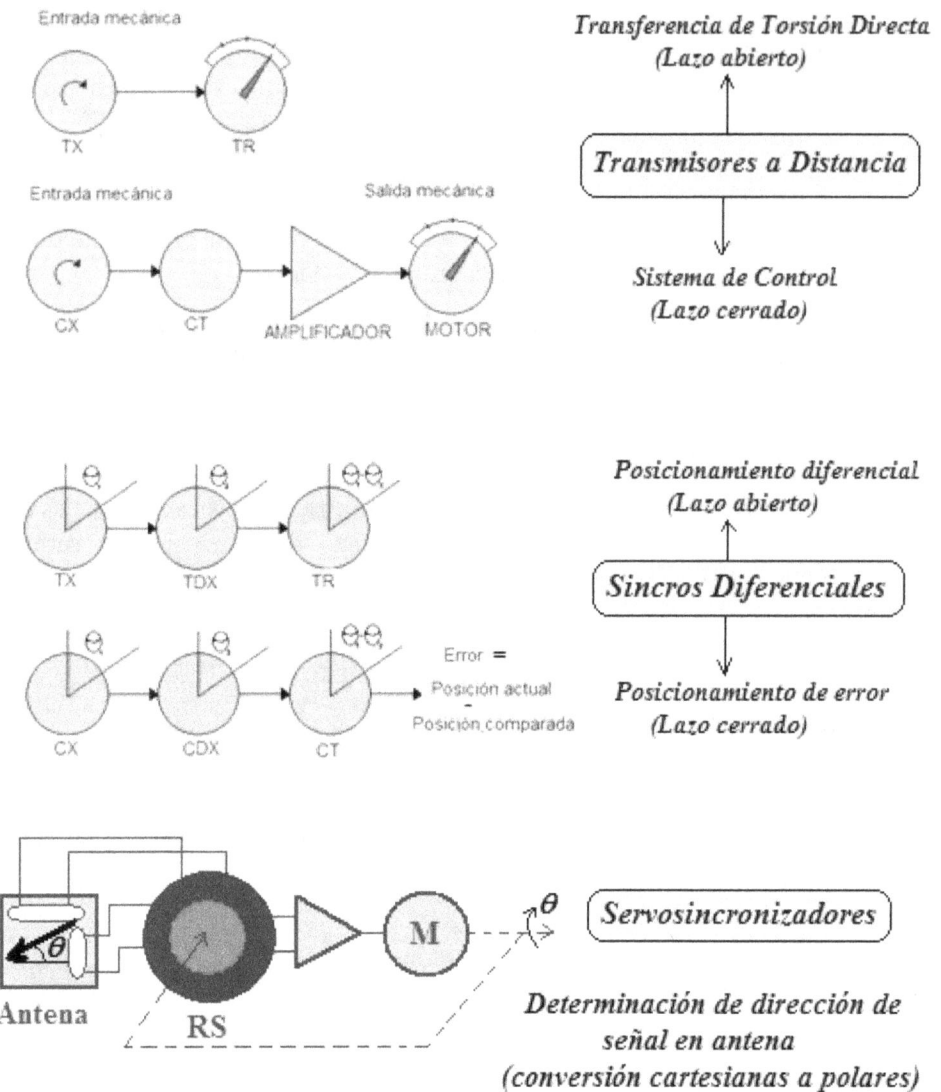

Figura_2.8 Clasificación de circuitos eléctricos basada en la interacción funcional de sincros

2.2.4 Sistemas de Transmisión a Distancia.

La idea de un circuito transmisor a distancia es la de llevar la información captada por un sensor a una distancia cualquiera, en principio ilimitada, sin que se pierda por atenuación en el entorno de transmisión, antes de alcanzar el indicador. Funcionan por conversión de energía mecánica de rotación de entrada, en energía eléctrica a transmitir y reconvertir en mecánica de rotación de salida. La atenuación en la línea de transmisión eléctrica se elimina con la incorporación de los amplificadores necesarios.

En aeronaves se utilizan los siguientes sistemas de transmisión a distancia:

2. Sistemas de Control Automático

- Sistema Convencional de DC o AC.
- Sistema Autosyn.
- Sistema Dessyn, Selsyn o Autosyn de DC.
- Sistema Magnesyn.

2.2.4.1 Sistema Convencional de DC o AC

Sistema sencillo consistente en un sensor generador de una señal eléctrica de DC o AC proporcional a la rotación del eje de entrada, conectado a un indicador receptor basado en una bobina móvil que trabaja con DC y mueve el eje de salida.

Se utilizan dos tipos de circuitos, en función de que la generación en el sensor sea en DC (colector de delgas) o AC (sin colector). En cualquier caso, el receptor siempre trabaja en DC, por lo que en el caso del sensor de AC se hace necesario un sistema de rectificación en la línea de transmisión.

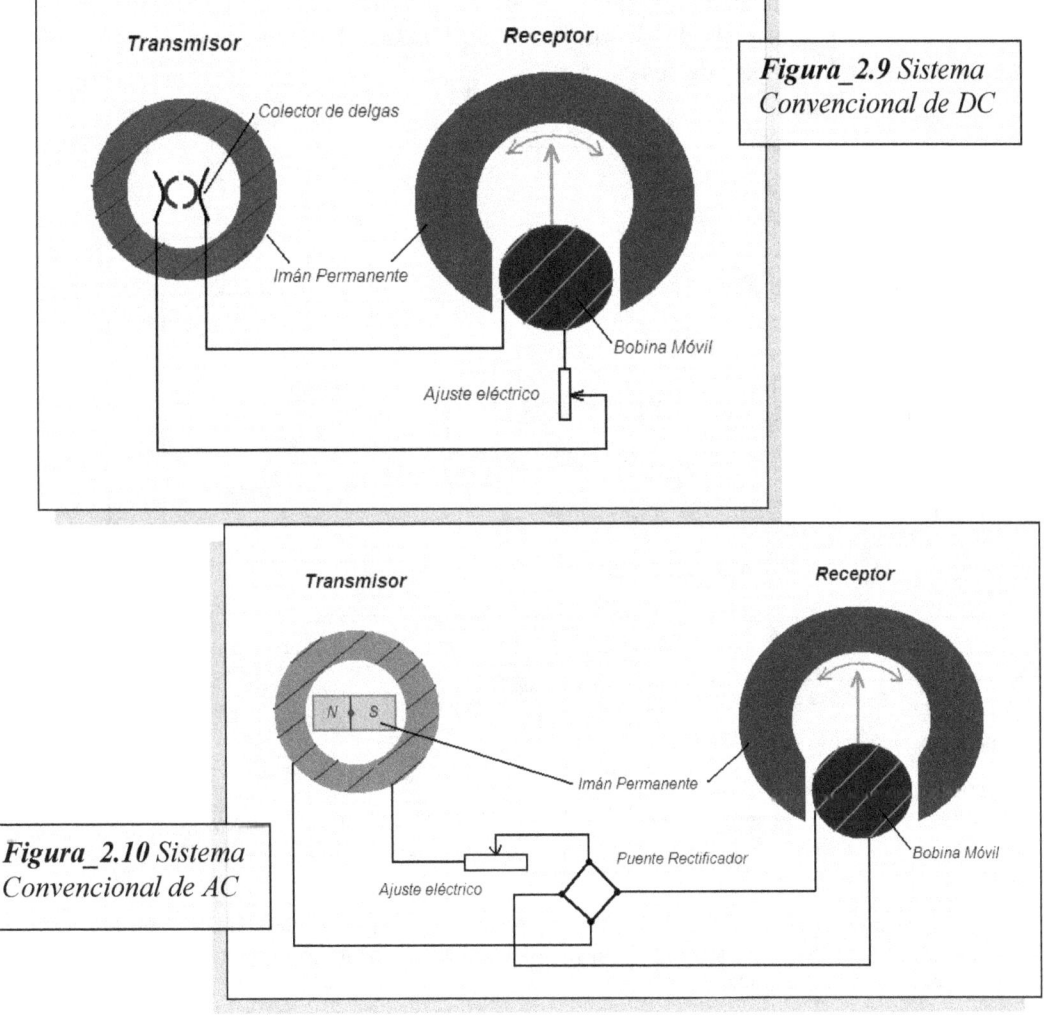

Figura_2.9 Sistema Convencional de DC

Figura_2.10 Sistema Convencional de AC

2.2.4.2 Sistema Autosyn

Un sincro de tipo autosyn consta de un estator trifásico, habitualmente conectado en estrella y un rotor monofásico con colector de anillos.

En un sistema de transmisión a distancia autosyn simple se utilizan dos sincros autosyn, nombrados como transmisor y receptor. El eje del rotor del transmisor autosyn sirve como entrada mecánica del desplazamiento angular que se pretende transmitir (eje de entrada); el eje del rotor del receptor autosyn será la salida mecánica del desplazamiento angular que representa la indicación (eje de salida). Por tanto, el transmisor debe estar ubicado en las cercanías del sensor captador de la medida a transmitir, mientras que el receptor estará instalado en el indicador.

Físicamente, los dos sincros autosyn están conectados mediante una línea de transmisión de 5 hilos, 3 para los estator en paralelo y dos más para los rotor en paralelo. Por otro lado, la alimentación alterna de referencia se aplica a los rotor del sistema[1].

La alimentación de corriente eléctrica alterna da origen, alrededor de los devanados primarios de los rotor, a un par de flujos magnéticos iguales entre sí y de frecuencia la característica de la alimentación aplicada. Cada campo magnético de cada rotor induce en sus estator unas tensiones de misma fase y amplitudes dependientes de la posición angular de los rotor respecto de sus estator.

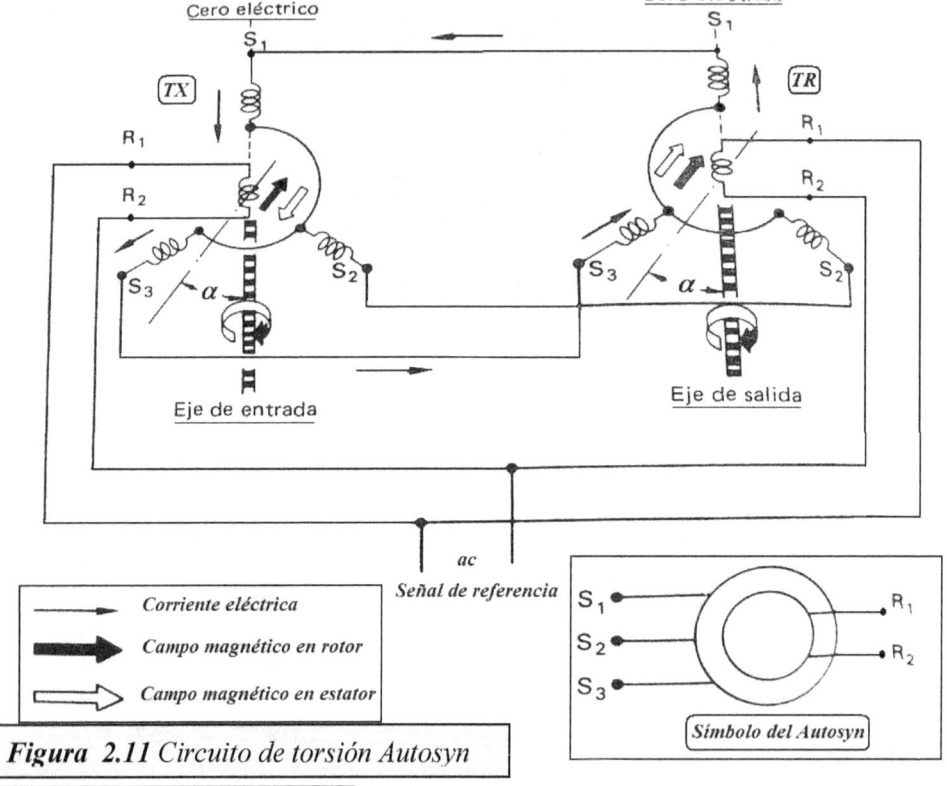

***Figura 2.11** Circuito de torsión Autosyn*

---

[1] En un sincro el devanado que produce en primer lugar campo magnético se nombra como primario. Habitualmente, la alimentación de referencia suele producir los campos magnéticos primarios, por lo que define cuales van a ser los devanados primarios.

Si ambos rotores tienen la misma posición angular, las tensiones inducidas en sus correspondientes estator serán iguales y, en definitiva, no circulará ninguna corriente eléctrica entre las líneas que los conectan en paralelo: el sistema está en equilibrio.

Supuesto que el sistema está sincronizado, esto es, ambos rotor parten de la misma posición angular; si se hace girar el eje de entrada (ver *Figura_2.11*), las tensiones inducidas en el estator del transmisor dejan de ser iguales a las inducidas en el estator del receptor; se origina en la línea de transmisión una corriente eléctrica trifásica que producirá en el estator del receptor un nuevo campo magnético, que al reaccionar con el campo magnético primario del rotor, genera momentos de giro que mueven el eje de salida; el sistema se equilibra, es decir, desaparece la reacción entre campos magnéticos en el receptor, además de las corrientes inducidas en la línea de transmisión, cuando el eje de salida se posiciona sincronizado con el eje de entrada.

En teoría el receptor debería seguir al transmisor de una manera instantánea pero, en la práctica, no hay en cada instante una coincidencia absoluta, debido a los errores eléctricos y/o mecánicos que se producen en el circuito de tipo electromecánico; con las nuevas tecnologías estos inconvenientes se encuentran minimizados.

El sistema Autosyn se usa habitualmente para transformar en señales eléctricas movimientos procedentes de dispositivos sensores tipo, tubos Bourdon, cápsulas aneroides, manométricas o termométricas y órganos móviles de diversos sistemas e instalaciones de abordo.

Estas señales eléctricas, a través de líneas de transmisión que pueden incluir o no amplificadores, conducidas hasta el tablero de instrumentos, se transforman nuevamente en movimiento aplicado al giro de un índice sobre una esfera indicadora que da una medida de la magnitud que se pretende controlar.

La instalación de conexiones a cinco hilos puede simplificarse a tres (*Figura_2.12*), lo que suele hacerse en la práctica a efectos de reducción de peso del cableado eléctrico en la aeronave. Para ello, en la alimentación de los rotores uno de los terminales se conecta a una de las fases del estator y el otro terminal a masa.

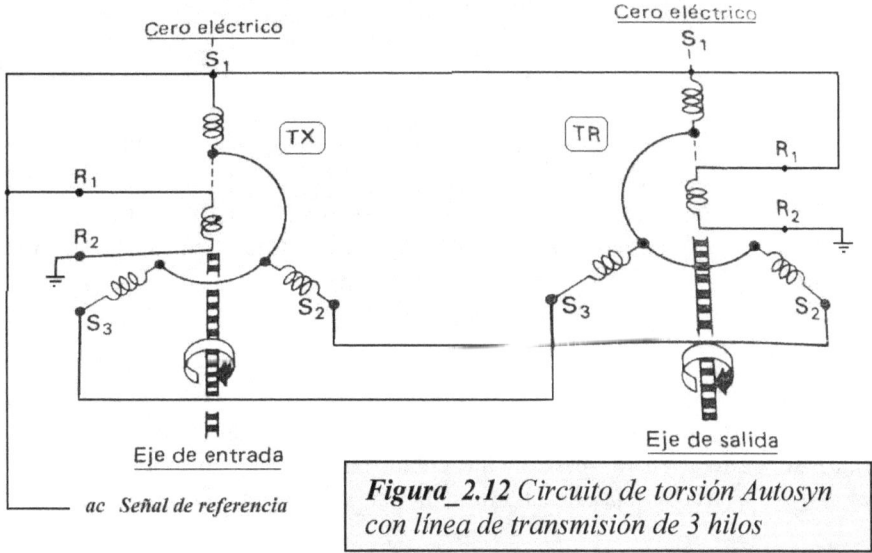

Figura_2.12 Circuito de torsión Autosyn con línea de transmisión de 3 hilos

Sistemas de Vuelo Automático

En la *Figura_2.13* se ha planteado un Circuito de Control Autosyn típico, para control automático de potencia de una superficie de control en una aeronave. La entrada mecánica o señal de mando (*"command"*) se recibe a través del eje de entrada del sincrotransmisor CX.

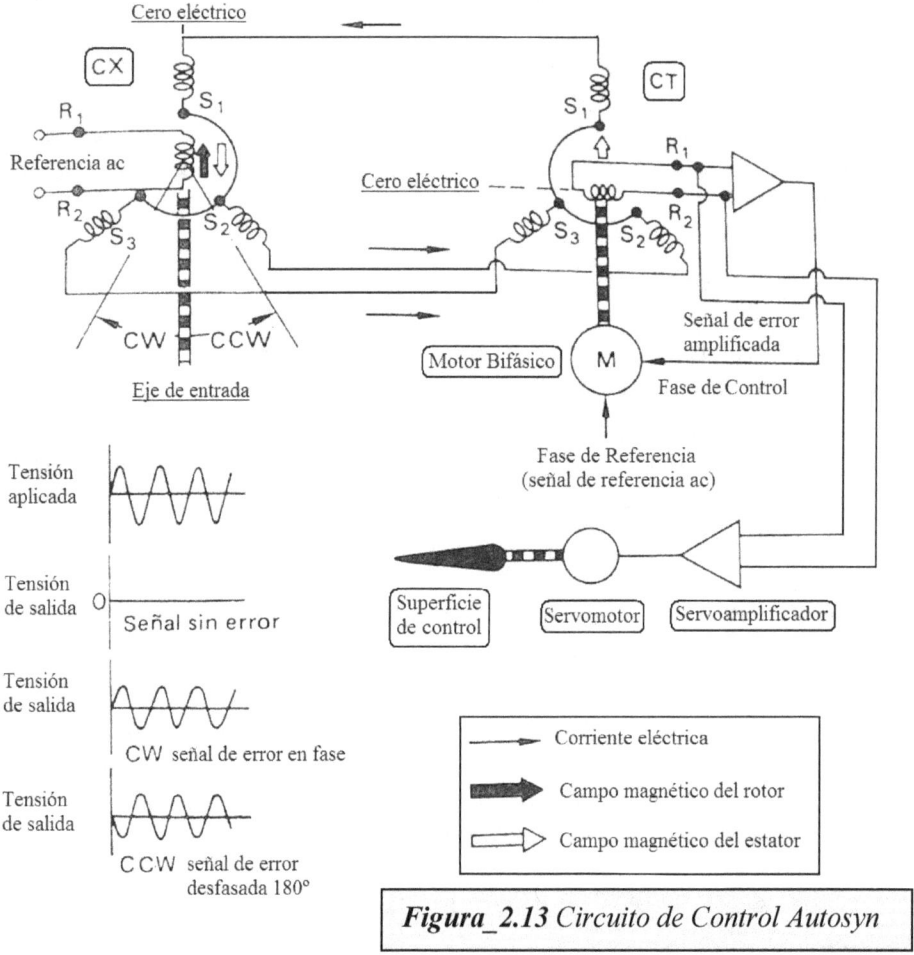

Figura_2.13 Circuito de Control Autosyn

El devanado del rotor del CX está sincronizado eléctricamente con la fase de referencia del motor bifásico; es decir, ambos devanados se alimentan con la misma señal de referencia (están en fase) de, por ejemplo, 26 vac 400Hz. Por otro lado, los devanados de los rotores CX y CT deben estar separados geométricamente 90° entre sí; la tensión inducida en el rotor del CT, amplificada adecuadamente, se utiliza como señal de error para alimentar la fase de control del motor bifásico.

Este motor bifásico funciona de modo que el estator dispone de dos devanados separados geométricamente 90° entre sí: fase de referencia y fase de control. Cuando ambos devanados se alimentan con señales separadas eléctricamente 90° y con misma frecuencia, se genera en el estator un campo magnético giratorio, de velocidad proporcional a la frecuencia de la alimentación. El rotor, de imán permanente o

2. Sistemas de Control Automático

bobinado alimentado con señal de referencia, es arrastrado por el campo magnético del estator. El rotor del motor bifásico continuará girando mientras el campo magnético del estator también gire. Cuando la fase de control pierde la alimentación, el campo magnético del estator deja de ser giratorio y el rotor se para.

Al introducir un movimiento de entrada en el rotor del CX se genera un conjunto de corrientes eléctricas proporcionales al desplazamiento en la línea de transmisión de los estator CX-CT; esto da lugar a una tensión inducida en el rotor del CT que, amplificada, se traduce en la señal de error que alimenta la fase de control del motor bifásico. El motor comienza a moverse, al producir un campo magnético giratorio, y arrastra como realimentación el eje del rotor del CT, modificando la señal de error de su salida. Llega un momento en que esta señal de error se hace nula y, entonces, al desaparecer la alimentación de la fase de control, el campo magnético giratorio del motor bifásico se para, por lo que su rotor también se para. Este momento se alcanza cuando el motor ha girado la misma cantidad que el eje de entrada del CX.

La carga, a veces, se conecta directamente al eje del motor bifásico. En el ejemplo de la *Figura_2.13*, se está utilizando un segundo circuito de potencia para alimentación de la carga (superficie de control) que trabaja con la señal de salida del rotor del CT como señal de command de baja potencia.

Autosyn es una marca registrada por Bendix/Eclipse/Pioneer (*Figura_2.14*). Otros sistemas, fundamentalmente iguales, son construidos por otros fabricantes con diferentes nombres, aunque ha sido el nombre de Autosyn el que ha popularizado este sistema de transmisión a distancia.

Figura_2.14 Sincro Autosyn montado en una aplicación

Sistemas de Vuelo Automático

2.2.4.3 Sistema Dessyn

Consta de un elemento transmisor y un elemento receptor unidos por una línea de transmisión de señal eléctrica, que trabajan con corriente continua. El transmisor ubicado en la proximidades del elemento que se trata de controlar, y el receptor en el tablero de instrumentos. Ver *Figura_2.15*.

El transmisor está constituido básicamente por una resistencia circular y, mediante dos escobillas que pueden girar alrededor de su centro, se suministra a ésta tensión de DC en dos puntos diametralmente opuestos. Para conseguir esto, se usa de forma complementaria una resistencia toroidal concéntrica interiormente con la resistencia circular; la alimentación de DC se aplica, por un lado, sobre un punto fijo de la resistencia toroidal y, por otro lado sobre una de las dos escobillas; la diferencia de potencial entre ambas escobillas es así variable, en función de cómo se hacen girar alrededor del conjunto transmisor.

La resistencia circular del transmisor se divide en tres secciones iguales a través de tres cables de derivación que se usan como línea de transmisión unión eléctrica con el receptor.

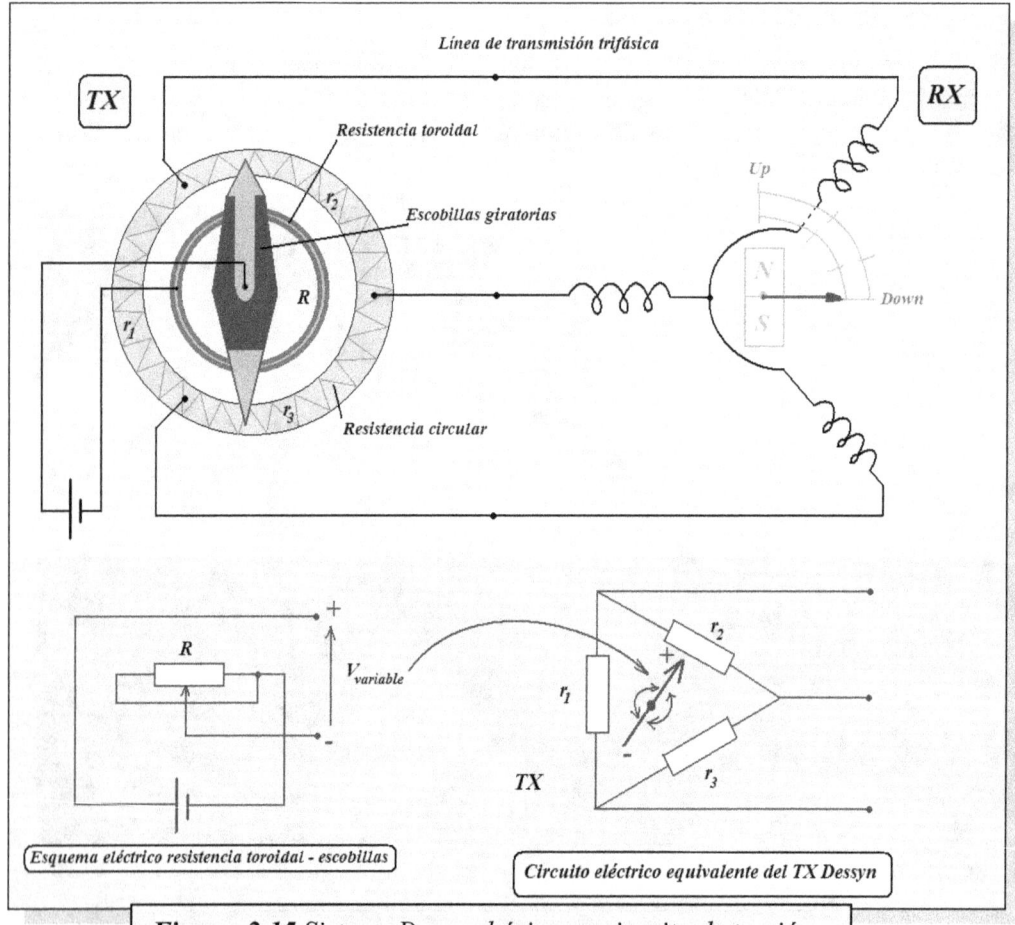

Figura_2.15 *Sistema Dessyn básico en circuito de torsión*

# 2. Sistemas de Control Automático

El receptor está constituido por un imán permanente bipolar o rotor, que puede girar dentro de un núcleo anular de material ferromagnético sobre el que se monta los devanados trifásicos en estrella o en triángulo del estator; a su vez, estos están unidos a la línea de transmisión eléctrica procedente del transmisor.

Mediante las escobillas giratorias se comunica la tensión de alimentación de DC a la resistencia circular del transmisor, produciéndose en cada una de sus secciones corrientes eléctricas de magnitud y sentido dependientes del punto en que hagan contacto las escobillas. Así, el estator receptor trabaja con corrientes eléctricas variables función de la posición angular de las escobillas transmisoras.

El campo magnético resultante en el estator del receptor será único para cada posición angular de las escobillas transmisoras; su interacción con el del imán permanente del rotor, le obligará a orientarse en una posición fija.

El sistema Dessyn es un sistema económico, ligero que ocupa un espacio mínimo, tanto en la transmisión, como en la recepción. Como inconvenientes podríamos citar,

- uso de colector en el transmisor que puede originar chispas eléctricas por los rozamientos de contacto;
- alimentación de DC, cuando la alimentación básica en las aeronaves es la de AC;
- el eje de salida no sigue al eje de entrada con la exactitud del Autosyn; de hecho, para pequeños cambios en la entrada, el eje de salida no se desplaza.

Se utiliza habitualmente asociado a instrumentos e indicadores de posición discreta, no continua, como el de tren de aterrizaje, flaps, slats, superficies de control...

2.2.4.4 Sistema Magnesyn

El elemento transmisor que se instala junto al órgano sensible y el elemento receptor, instalado en el tablero de instrumentos, son unidades idénticas magnética y eléctricamente. Ver *Figura_2.16*.

Cada uno de ellos está constituido por un núcleo cilíndrico de material ferromagnético, base del estator, alrededor del cual se arrolla un conductor continuo en forma de bobina toroidal. Esta bobina se divide en tres partes iguales usando cables de derivación, que van a servir de enlace con la línea de transmisión trifásica entre transmisor y receptor. Los devanados del transmisor y receptor están conectados en paralelo y, alimentados ambos al mismo tiempo con una señal de referencia de AC monofásica.

El rotor de cada una de estas unidades es un imán permanente bipolar que gira libremente en el interior del estator. En la práctica, se suele utilizar otro núcleo externo anular de material ferromagnético rodeando al estator, que sirve de retorno del flujo magnético y, además, actúa como protector contra los campos magnéticos exteriores.

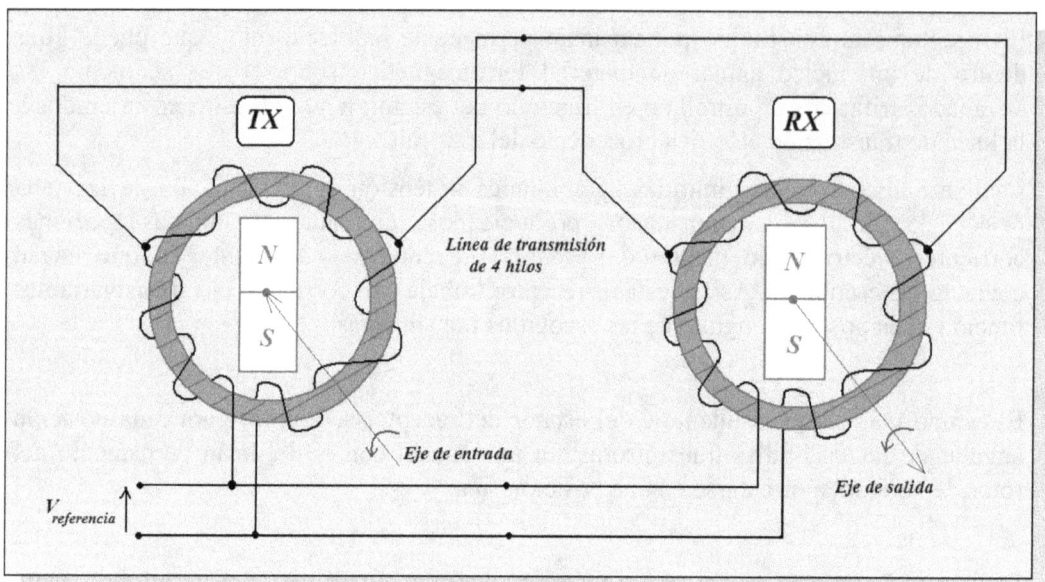

Figura 2.16 Sistema Magnesyn en circuito de torsión

Al no llevar más partes móviles que los imanes de los rotores, con ausencia total de escobillas y colectores que evita el que puedan producirse chispas de ninguna clase, este sistema es muy ventajoso, frente al Autosyn o Dessyn:

- unidades muy robustas y compactas por su sencillez;

- el riesgo de incendio por funcionamiento eléctrico es prácticamente nulo, por lo que el transmisor puede montarse en lugares donde existen vapores inflamables; por ejemplo, como transmisor del indicador de nivel de combustible o del indicador de consumo; suele ser usual en la instrumentación asociada al sistema de combustible.

- el imán del rotor transmisor es movido directamente por el elemento sensible; en otros sistemas se usa un imán que arrastra el verdadero elemento transmisor situado fuera del compartimento o tubería. De esta manera, se obtiene una gran simplificación en las instalaciones.

El sistema Magnesyn se suele utilizar en aplicaciones de aeronaves para resolver problemas de teleindicación en condiciones funcionales que otros sistemas no pueden aguantar.

Las unidades Magnesyn son capaces de trabajar con temperaturas extremas entre -100°C y 200°C; por su robustez, bajo fuertes vibraciones y altas presiones; y, por su sencillez, en atmósferas con vapores inflamables.

En la práctica, las unidades transmisoras y receptoras magnesyn no tienen la misma forma, estando la del transmisor adaptada al lugar donde se acopla para recibir la medida de entrada.

2.2.5 Sistemas Diferenciales.

Utilizados como sistemas de transmisión a distancia de la diferencia o la suma de dos entradas mecánicas sobre una única salida. Los sistemas diferenciales pueden ser:

- De posicionamiento diferencial: circuito de torsión con elementos en lazo abierto. El circuito más habitual es el de tipo TX-TDX-TR, aunque tiene la misma funcionalidad el circuito tipo TX1-TDR-TX2.

- De posicionamiento de error: circuito de control con elementos en lazo cerrado, esto es, incluye una línea de realimentación, mecánica o electromecánica. Es típico el circuito CX-CDX-CT-A-M.

En la *Figura_2.17* se presenta un circuito diferencial de torsión de tipo TX-TDX-TR. Los bobinados monofásicos de los rotores del TX y TR están configurados en paralelo y se alimentan con señal de referencia de ac. El estator trifásico del TX se acopla en paralelo al estator trifásico del TDX y el rotor trifásico del TDX se acopla en paralelo con el estator del TR.

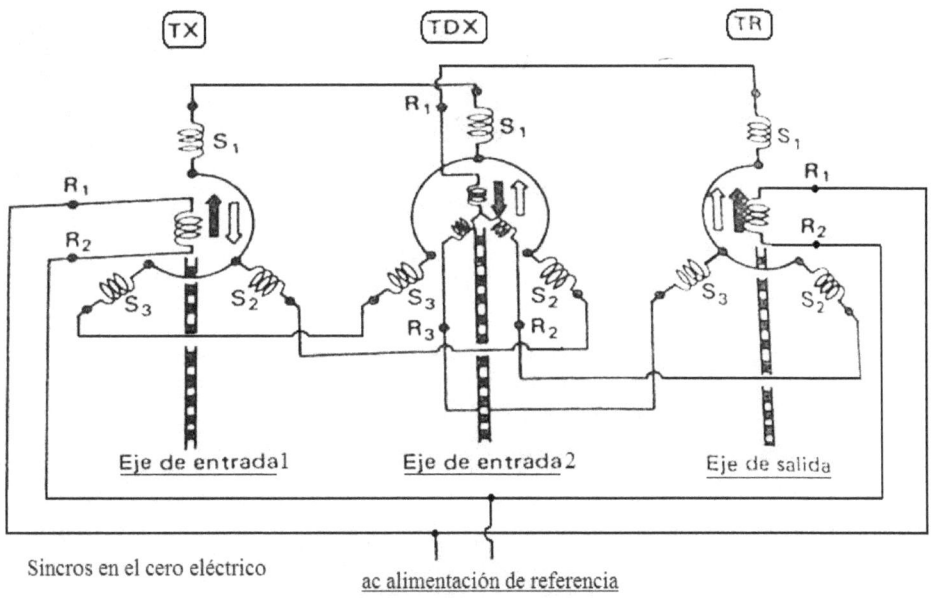

Figura 2.17 Circuito Diferencial de Torsión Tipo TX-TDX-TR

En la *Figura_2.18* se han puesto algunos ejemplos de entradas mecánicas sobre un circuito diferencial de torsión TX-TDX-TR, a efectos de observar su funcionalidad[2]:

- Caso (a), entrada de 60° en TX y sin entrada en TDX: el giro en el TX se transmite con el mismo signo (sentido) al TR, por lo que el resultado es una salida de 60°.

---

[2] Se consideran giros positivos a derechas.

- Caso (b), sin entrada en TX y entrada de 15° en TDX: el giro en el TDX se transmite con signo (sentido) cambiado al TR, por lo que resulta una salida de -15°.

- Caso (c), entrada de 60° en TX y entrada de 15° en TDX: combinando la transmisión de sentidos TX-TDX, se obtiene una salida de 45°.

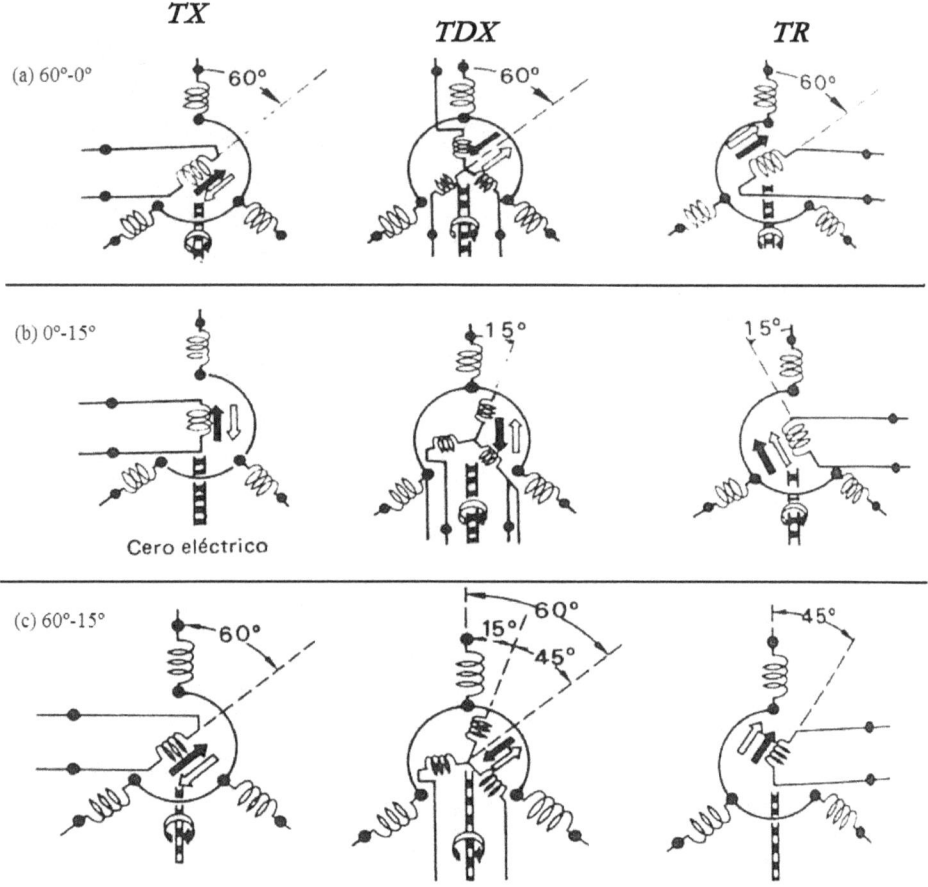

Figura 2.18 Funcionamiento del circuito Diferencial de torsión TX-TDX-TR

En la *Figura_2.19* se presenta un circuito diferencial de control de tipo CX-CDX-CT-. No se ha representado el lazo cerrado que comienza en el CT. La señal de referencia de AC se aplica en el bobinado monofásico del rotor del CX, además de en la fase de referencia del motor bifásico del lazo cerrado.

Este circuito exige que cuando el CX y el CT están en el cero eléctrico, sus rotor deben estar desfasados geométricamente 90° entre sí. El rotor del CT se encarga de transmitir la señal de error al lazo cerrado compuesta por la diferencia de las dos entradas mecánicas CX-CDX.

2. Sistemas de Control Automático

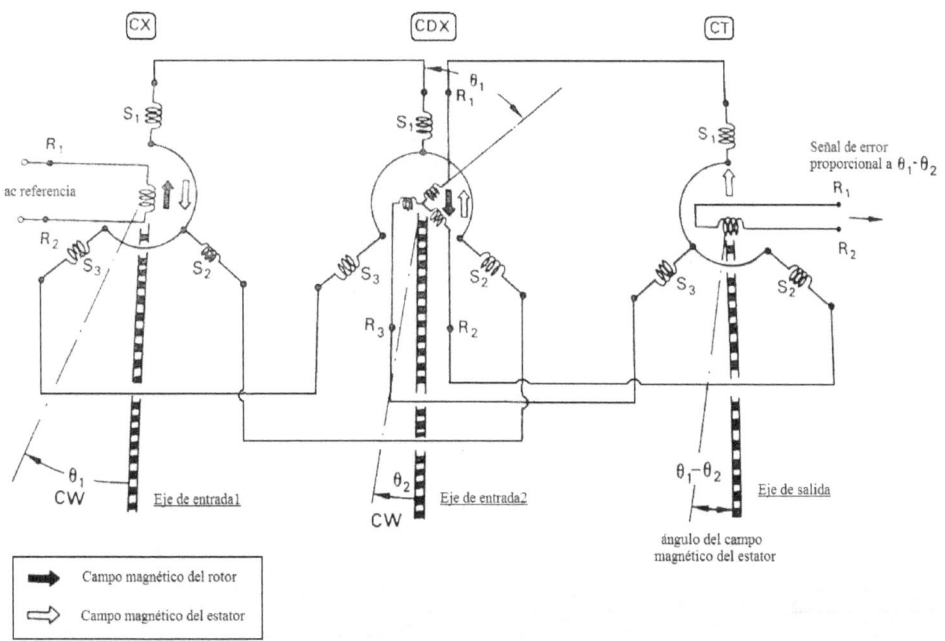

Figura 2.19 Circuito Diferencial de Control Tipo CX-CDX-CT-

2.2.6 Servosincronizadores.

Servosincronizador, Resolver o Resolvedor RS, es un sincro conversor reversible de coordenadas cartesianas (x,y) a coordenadas polares (r,α). Compuesto por un estator y un rotor bifásicos, esto es, en cada uno de ellos se tienen dos pares de bobinas desfasadas geométricamente 90° entre cada par; a su vez, cada par de bobinas se conectan en serie entre sí. Ver *Figura_2.20*.

En el estator se tendrán cuatro terminales de nomenclatura $(S_1, S_3), (S_2, S_4)$ y en el rotor otros cuatro terminales de nomenclatura $(R_1, R_3), (R_2, R_4)$.

La conversión reversible de coordenadas se puede expresar matemáticamente del siguiente modo:

polares a cartesianas: $\begin{cases} x = r\cos\alpha \\ y = r\,sen\,\alpha \end{cases}$; *cartesianas a polares*: $\begin{cases} r = (x^2 + y^2)^{1/2} \\ Tg\,\alpha = \dfrac{y}{x} \end{cases}$

* *Se ha tomado como referencia para medida de ángulos el eje x.*

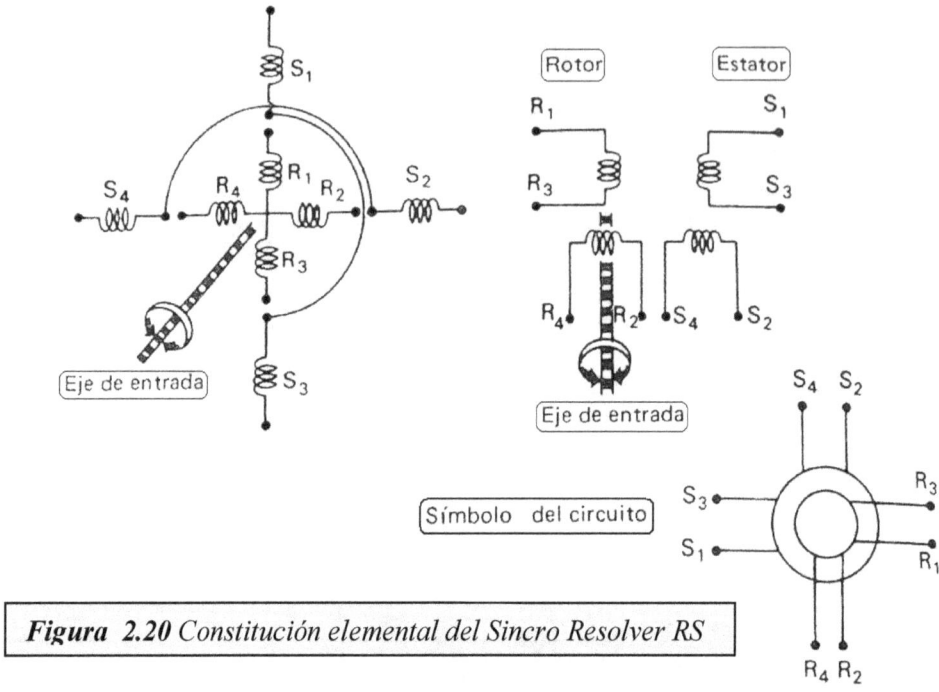

Figura 2.20 Constitución elemental del Sincro Resolver RS

En la *Figura_2.21* se esquematiza un ejemplo de conversión de tensiones en forma polar a forma cartesiana. Se aplica en (R_1, R_3) una tensión ac de valor máximo R y el rotor se desplaza mecánicamente $\theta°$ (se ha cortocircuitado (R_2, R_4), para que no tenga ningún efecto en la conversión, ya que no se usa). Se obtiene de salida las tensiones en ac con misma frecuencia de entrada, $R\cos\theta$ en (S_1, S_3) y $R\,sen\,\theta$ en (S_2, S_4).

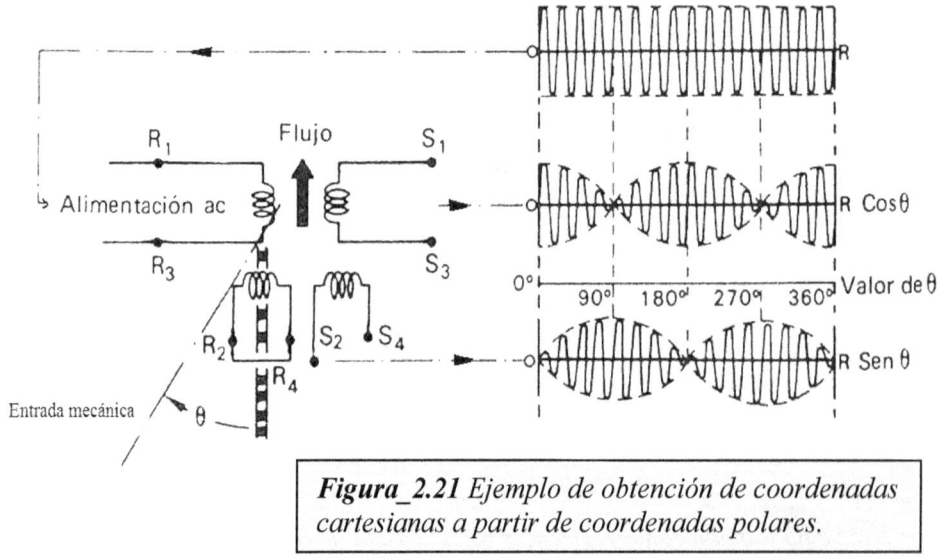

Figura_2.21 Ejemplo de obtención de coordenadas cartesianas a partir de coordenadas polares.

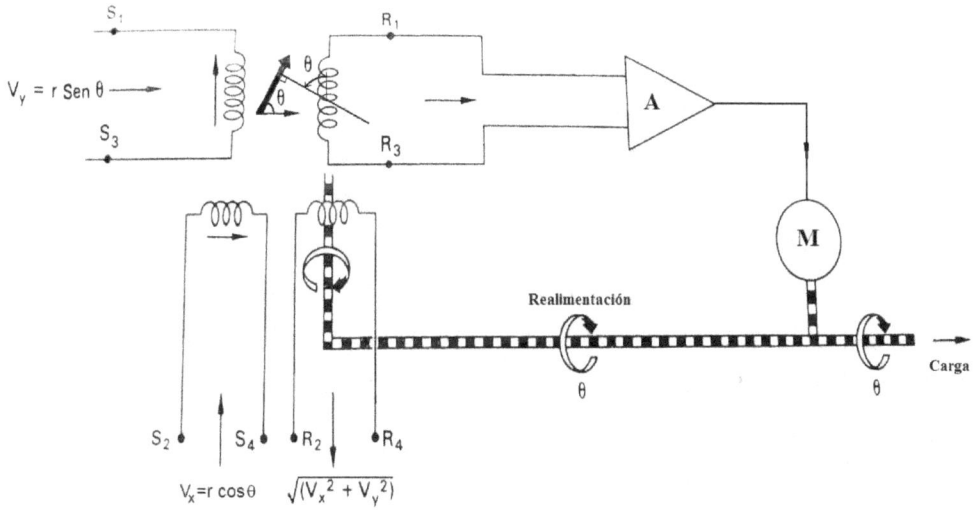

Figura_2.22 *Composición de coordenadas polares a partir de coordenadas cartesianas*

Suele ser habitual encontrar el sincro RS en la conversión de señales eléctricas en forma cartesiana a forma polar. En la *Figura_2.22* se esquematiza un ejemplo típico al respecto: las tensiones de ac de entrada (V_y, V_x) sobre el estator $(S_1, S_3), (S_2, S_4)$ producen un campo magnético principal que genera una tensión inducida en el devanado del rotor (R_1, R_3) que, amplificado adecuadamente alimenta el servomotor del circuito; éste se encarga de mover el eje de salida y, como realimentación, el propio rotor del RS; llega un momento, cuando el devanado (R_1, R_3) sea perpendicular al campo magnético principal del RS, que la tensión inducida en el mismo se anula; entonces, el servomotor se para y se obtienen los parámetros de salida:

- el eje de salida se habrá posicionado mecánicamente en $\theta°$, ángulo característico del campo magnético principal respecto del cero eléctrico y,
- en el devanado (R_2, R_4) se tendrá una tensión de valor $\left(V_x^2 + V_y^2\right)^{1/2}$.

2.2.7 Sistema de Telemando.

Circuito de control particular, donde el lazo de realimentación abarca el circuito completo, desde el elemento de entrada hasta el elemento de salida. En un sistema de control convencional la línea de realimentación cubre desde el CT hasta el elemento de salida y, por tanto, cualquier problema de interferencias o errores de transmisión en la línea CX-CT es imposible de eliminar; en el caso del sistema de telemando esta línea de transmisión en lazo abierto no existe y por eso se ve menos afectado por el problema comentado anteriormente.

El sistema de telemando utiliza como elemento de entrada un CT específico llamado sincrotel.

Sistemas de Vuelo Automático

Sincrotel:

Se usa como transformador de control de baja torsión. A simple vista parece un CT normal, pero no es así. Emplea un estator trifásico convencional pero, a diferencia de otros sincros, la sección de rotor está dividida en tres partes independientes:

- un rotor cilíndrico hueco de aluminio de sección oblicua;
- un devanado de rotor monofásico fijo y,
- un núcleo cilíndrico a cuyo alrededor gira el rotor oblicuo.

El eje del rotor está soportado por cojinetes de bolas y conectado al elemento detector-conversor de presión a movimiento rotatorio. Ver *Figura_2.23*.

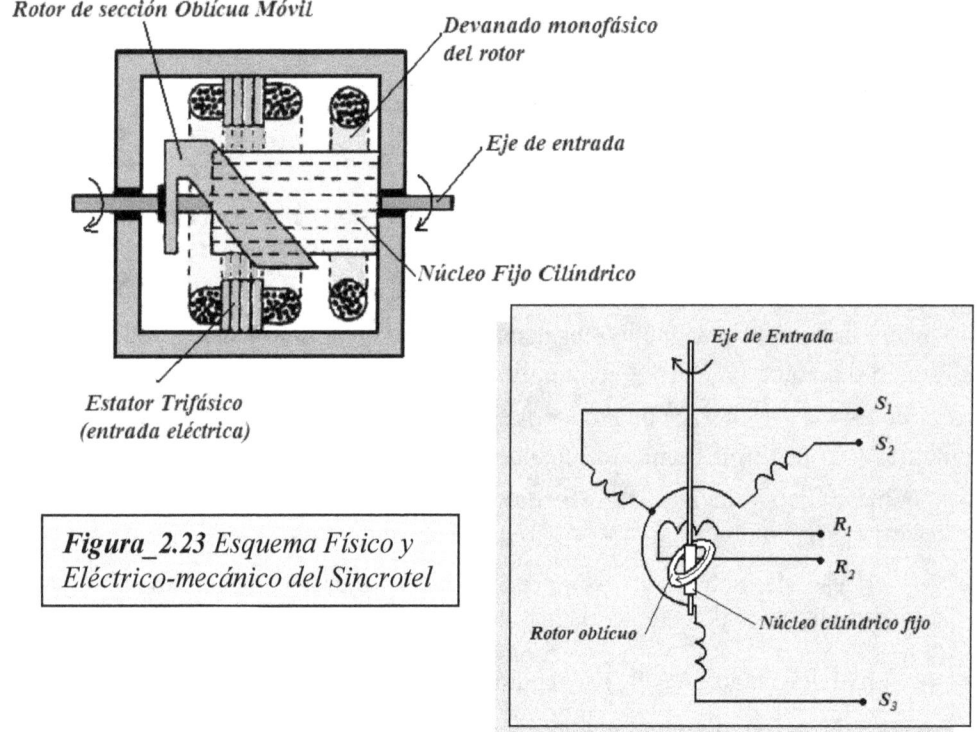

Figura_2.23 Esquema Físico y Eléctrico-mecánico del Sincrotel

Tanto los devanados de entrada eléctrica, estator trifásico, como el de salida eléctrica, rotor monofásico, son fijos, por lo que en este sentido se parece mucho a un transformador típico. La diferencia está en que la posición del campo magnético principal generado por el estator es desplazada angularmente cuando el rotor oblicuo gira respecto del núcleo cilíndrico fijo, al producir una componente de campo magnético inducido por corrientes parásitas entre ambos núcleos. Por tanto, la salida eléctrica en el rotor es proporcional a la diferencia de la entrada eléctrica en el estator y la entrada mecánica en el rotor. Esto es así siempre y cuando el sincrotel trabaje con entradas de baja torsión; es decir, con desplazamientos angulares de baja velocidad angular, muy suaves. Si las entradas son rápidas, el sincrotel no es capaz de seguirlas, no funcionando adecuadamente.

En la *Figura_2.24* se describe esquemáticamente un sistema de telemando, por un lado simplificado y, por otro, el esquema eléctrico básico completo. Un ejemplo de aplicación de un sistema de telemando puede ser el control automático de paso de una hélice; se trataría de variar el paso de la hélice en función de los cambios de presión detectados por variación de altitud o de velocidad de vuelo, a efectos de mantener altitud y/o velocidad. El sistema utiliza un sensor captador de presión estática (cápsulas aneroides) o presión diferencial (cápsulas manométricas) cuya deformación se traduce a través de un mecanismo conversor en una entrada mecánica rotatoria al circuito de telemando.

Este sistema de telemando usa los siguientes elementos constituyentes:

- Conjunto de cápsulas sensoras y mecanismo conversor de desplazamiento lineal a movimiento rotatorio (sólo para el ejemplo).
- Transmisor captador de señal mecánica de entrada tipo Sincrotel.
- Amplificador de potencia.
- Motor Bifásico de potencia.
- Tren de engranajes reductor, acoplador del motor a la carga y eje de realimentación.
- Autosyn generador de la señal eléctrica de realimentación.
- Carga compuesta por la bisagra de cambio de paso del conjunto de hélices (para el ejemplo).

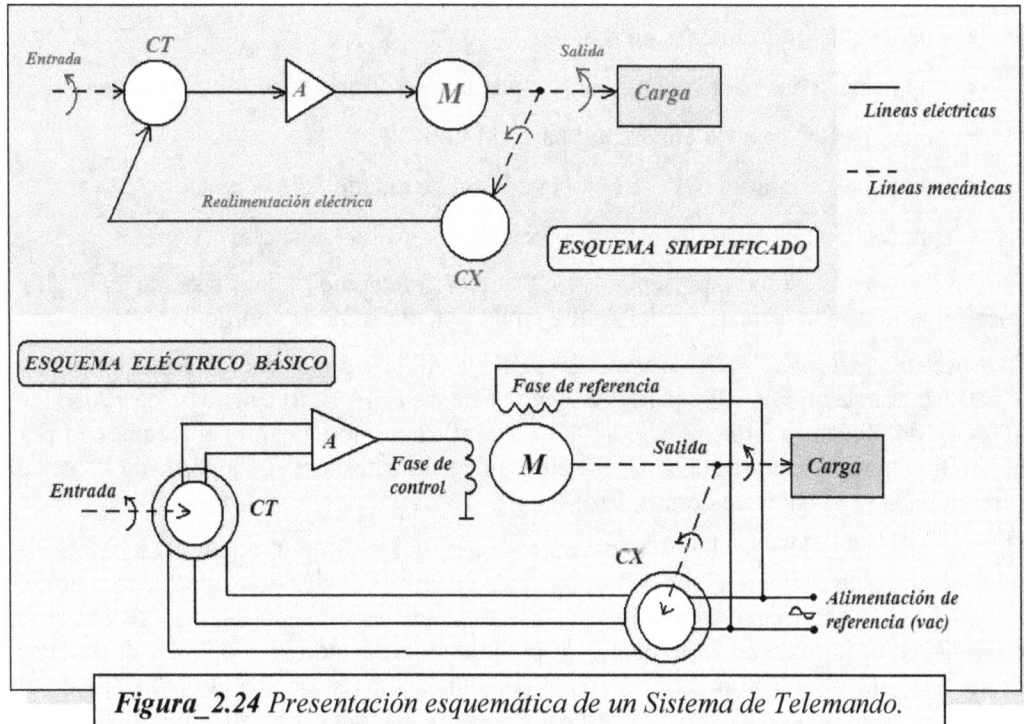

Figura_2.24 Presentación esquemática de un Sistema de Telemando.

Sistemas de Vuelo Automático

Observar en el esquema de la *Figura_2.24* que el rotor del CT (sincrotel) y el rotor del CX están desfasados 90° geométricos en todo momento; además, los devanados rotor del CX y fase de referencia del motor bifásico, que reciben la misma alimentación Vac de referencia, están desfasados también 90° geométricos, aunque sólo para la posición del cero eléctrico inicial del circuito.

Las ventajas de este circuito de control, frente al convencional son:

- La línea de realimentación abarca el circuito completo, lo que supone,
    - ✓ rendimiento frente a interferencias superior;
    - ✓ distancia entre entrada y salida mecánicas puede ser ilimitada, sin más que utilizar la amplificación adecuada y necesaria.

El inconveniente del sistema de telemando viene dado por:

- Utiliza como sincro de entrada un CT tipo sincrotel, que funciona correctamente siempre y cuando trabaje con entradas mecánicas de baja torsión.

2.2.8 Aplicación de Sincros: Sistema *DF-203*.

El sistema *DF-203* es un ejemplo de instalación de abordo de un sistema de radiogoniómetro automático (ADF) del fabricante Collins. Este sistema consta de,

- un receptor *51Y-4*, procesador de señales sintonizadas, ubicado en el compartimento de aviónica;
- dos antenas de sentido (Sense), en la parte inferior del fuselaje;
- un acoplador de antenas de sentido;
- una antena de cuadro fija (Loop), en la parte inferior o superior del fuselaje;
- un corrector de error cuadrantal para el Loop;
- un panel de control *614L-8*, en el pedestal de mando del cockpit;
- un RMI, en el panel de instrumentación principal del cockpit.

En la *Figura_2.25* se presenta un "*system_schematic*" del sistema *DF_203* correspondiente a la instalación del ADF2 en un sistema ADF de abordo doble.

El espectro de frecuencias del sistema de ADF en MF está comprendido entre 190Khz y 1750Khz, aunque el DF-203 opera dividiendo este espectro en tres bandas: de 190Khz a 400Khz, de 400Khz a 840Khz y de 840Khz a 1750Khz. Internamente, el receptor 51Y-4 utiliza tres transformadores de sintonización independientes, activos a partir de la banda seleccionada en el panel de control 614l-8.

Un receptor de ADF recibe señales procedentes del radiofaro no direccional NDB transmisor desde tierra, a través de la antena de cuadro fija y las dos antenas de sentido, usadas para la desambiguación eléctrica: las dos antenas de sentido están físicamente ubicadas en el fuselaje de la aeronave de modo que, utilizando el acoplador de antenas de sentido, al receptor le parece que existe una única antena de sentido colocada en el centro de la antena de cuadro; de esta manera, el diagrama de radiación (d.d.r.) del

2. Sistemas de Control Automático

LOOP en forma de ocho, se capta en el receptor como un diagrama cardiode al combinarlo con el d.d.r. omnidireccional del SENSE.

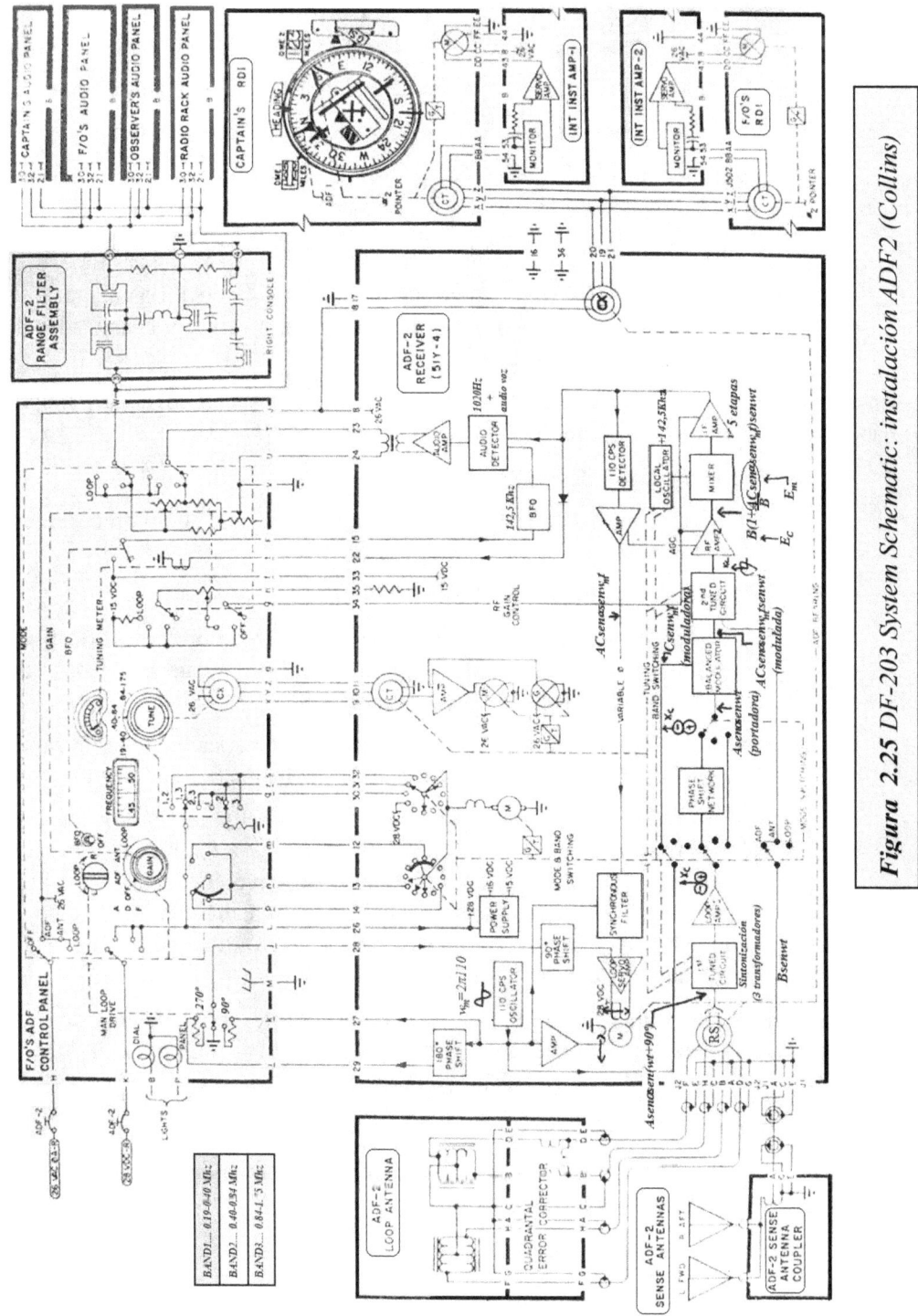

Figura 2.25 DF-203 System Schematic: instalación ADF2 (Collins)

Sistemas de Vuelo Automático

En la *Figura_2.26* se presenta un "system_schematic" del sistema *DF_203* en donde se observa la forma física de sus componentes de control y procesamiento principales:

- receptor *51Y-4*, en el compartimento de aviónica,
  - procesador de señales sintonizadas de entrada procedentes de las antenas,
    - ✓ LOOP fijo mediante conexión coaxial de apantallamiento simple;
    - ✓ SENSE mediante conexión coaxial de apantallamiento doble;
  - generador de señales eléctricas de salida de marcación ADF respecto del NDB sintonizado, a través de sincrotransmisor de control CX;
  - alimentación eléctrica recibida por medio del panel de control *614L-8*.
- panel de control *614L-8*, en el pedestal de mando del cockpit, generador de las señales de control con las que tiene que trabajar el receptor y canalizador de su alimentación eléctrica (26vac 400Hz y 28vdc).

En la *Figura_2.27* se representa el "system_schematic" específico de las funciones básicas de operación del receptor *51Y-4* dentro del sistema *DF_203*:

- Sintonización de señales NDB,
  - Modo ANT, utilizado para la captación de señales de audio procedentes del NDB transmisor de forma omnidireccional:
    - ✓ Audio voz (Banda de 300Hz a 3Khz);
    - ✓ Señal de identificación, en forma de código morse identificativo del NDB; se usa para saber si el receptor se encuentra dentro de la cobertura ("range") del NDB transmisor.
  - Modo ADF o de sintonización y búsqueda automática; se trata de captar la dirección de procedencia de la energía electromagnética sintonizada.
  - Modo LOOP, usado para la captación de señales de audio procedentes del NDB transmisor de forma direccional; se habla de modo "Manual_Loop_Drive", ya que el máximo nivel de señal se consigue girando el LOOP manualmente a izquierda o derecha.. Se usa cuando en el modo ANT hay excesivas interferencias; el LOOP es una antena mejor aislada que las de tipo SENSE.

En la *Figura_2.28* se plantea un "system_schematic" sobre los elementos de control principales para operación del panel de control *611L-8* dentro del sistema *DF_203*:

- Selector de funciones (OFF,ADF,ANT,LOOP) y control de ganancia (Volumen de Audio).
- Control de sintonización (Banda y Frecuencia), ventanilla asociada y "tuning meter" (nivel de sintonización).
- "Manual Loop Drive" ("Left or Right").
- Selector de BFO ("Beat Frequency Oscillator").

2. Sistemas de Control Automático

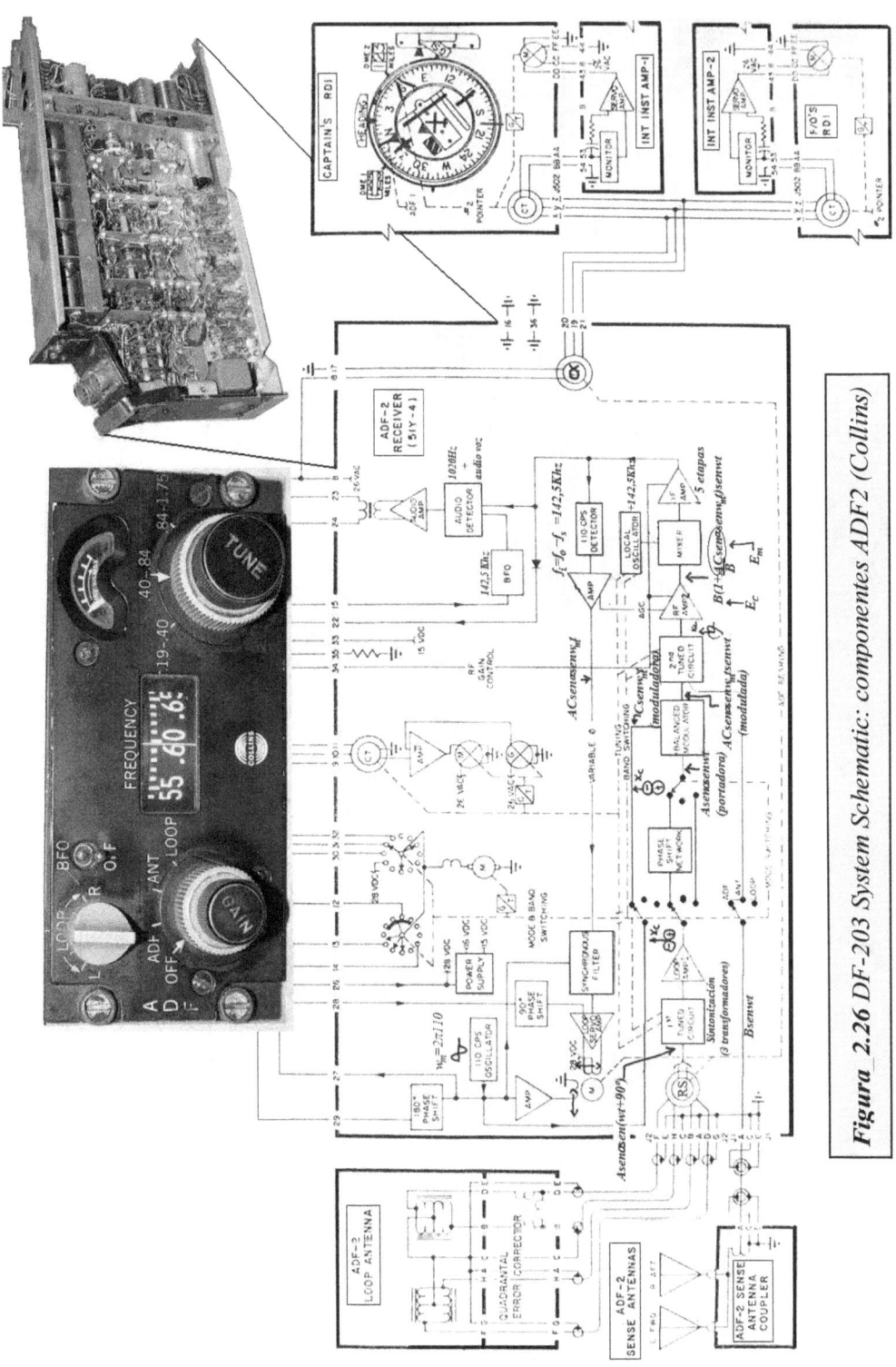

Figura_2.26 DF-203 System Schematic: componentes ADF2 (Collins)

Sistemas de Vuelo Automático

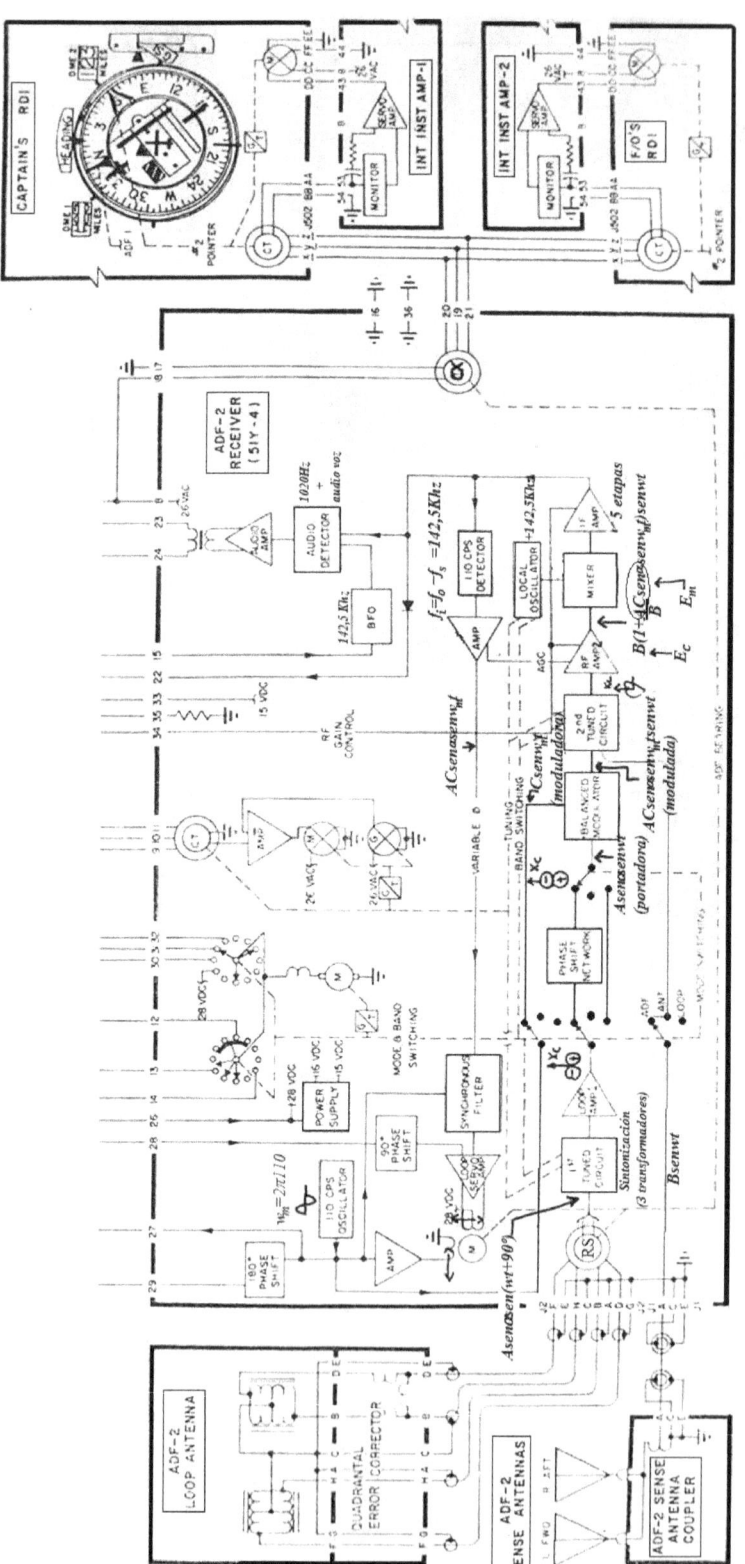

Figura 2.27 Receptor ADF 51Y-4 System Schematic: funciones básicas

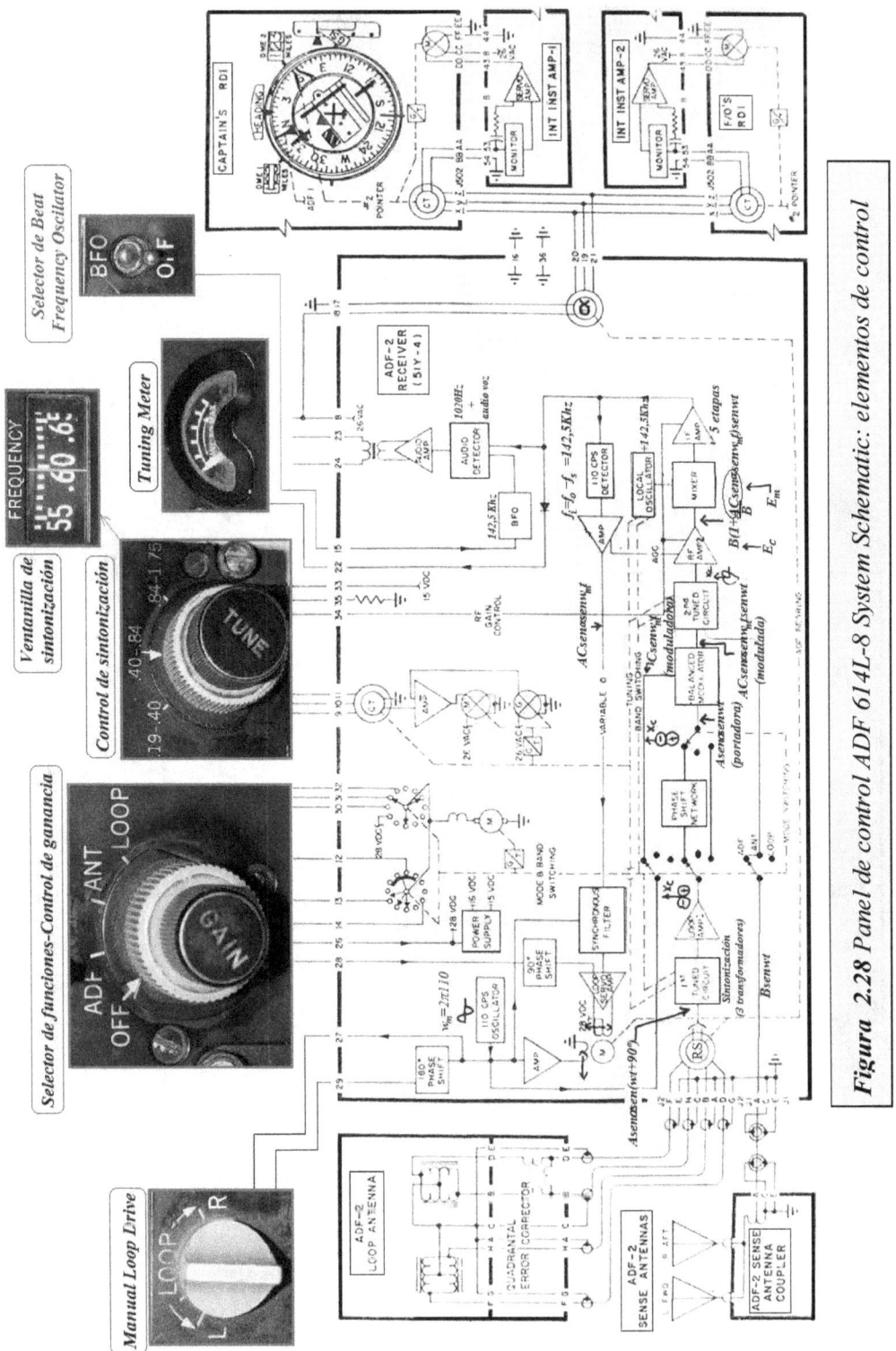

Figura 2.28 Panel de control ADF 614L-8 System Schematic: elementos de control

Sistemas de Vuelo Automático

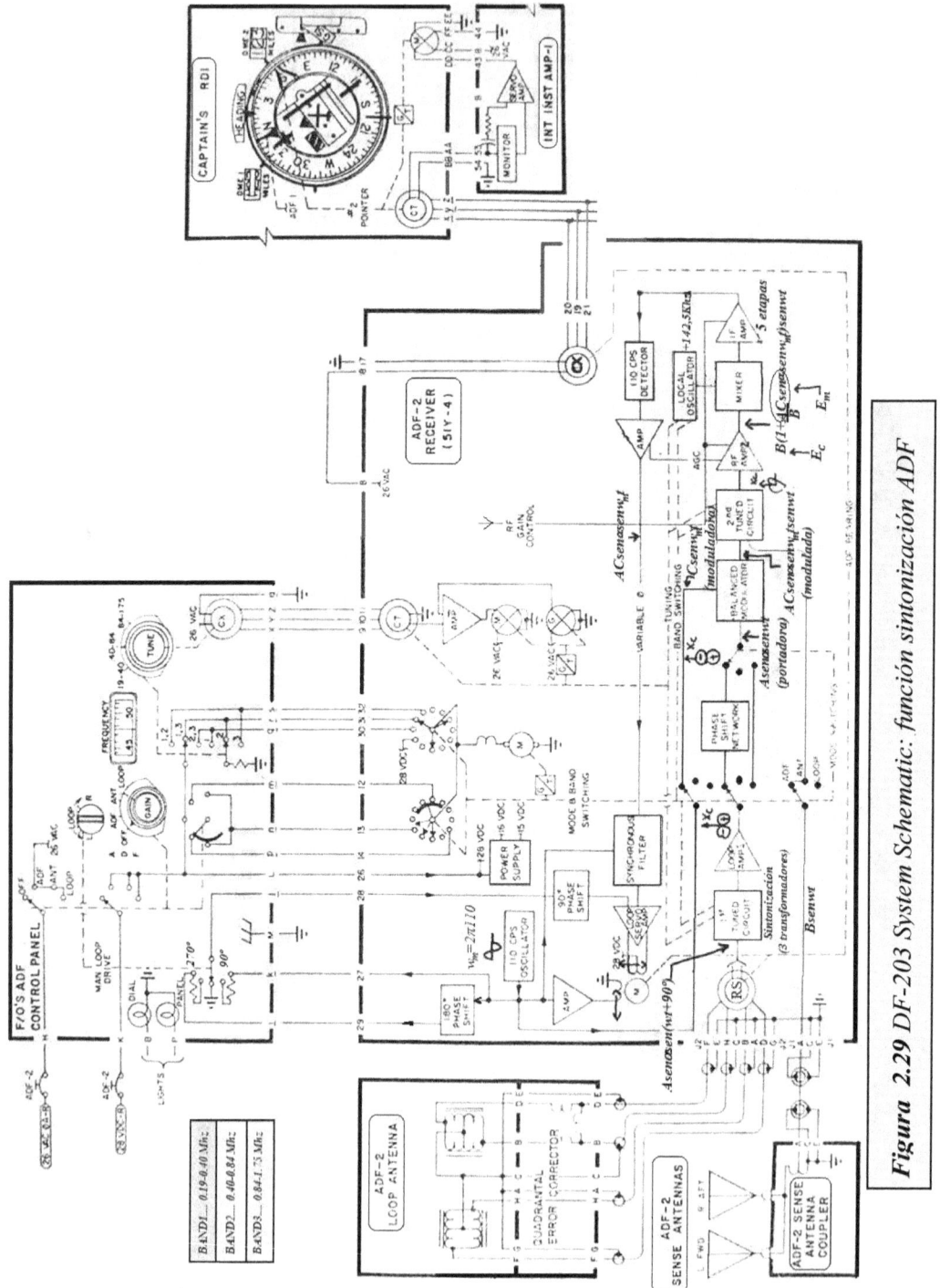

Figura 2.29 DF-203 System Schematic: función sintonización ADF

2. Sistemas de Control Automático

En la *Figura_2.29* se representa el "system_schematic" específico de la función sintonización automática en modo ADF del sistema *DF_203*:

- A través del panel de control *614L-8* se le indica al receptor *51Y-4* el modo de funcionamiento (ADF), la banda de sintonización y la frecuencia específica de operación: la transmisión de todas estas señales entre ambos dispositivos se realiza eléctricamente mediante circuitos específicos basados en sincros.

- La antena de cuadro fija se encuentra embutida en el fuselaje de modo que un par de devanados tienen la dirección del eje longitudinal de la aeronave y el otro par de devanados tienen la dirección de su eje transversal. A través de esta antena se captan las componentes longitudinal y transversal del campo electromagnético sintonizado procedente del NDB. Este campo electromagnético se reproduce (con sentido contrario) en el estator del Resolver RS del receptor *51Y-4*, cuyas bobinas son paralelas geométricamente a las del LOOP.

- Partiendo del cero eléctrico en el RS del receptor, a la salida del rotor se obtiene una tensión eléctrica inducida de valor $Asen\alpha sen(wt+90º)$, donde $w = 2\pi f_c$ con f_c la frecuencia de sintonización del NDB y $Asen\alpha$ la amplitud de la tensión inducida senoidal, con α la dirección de procedencia de la energía electromagnética captada en antena respecto del NDB.

- Amplificada adecuadamente, a la señal anterior se le añade un cambio de fase de 90º, para trabajar con $Asen\alpha senwt$ que va a ser lo que vamos a nombrar como Portadora con la información de ángulo α.

- Internamente, el receptor genera una señal de 110Hz que se va a utilizar como moduladora constante ($Csenw_m t$, con $w_m = 2\pi 110$).

- Ambas señales, Portadora variable sintonizada en el LOOP y Moduladora constante se mezclan en un modulador para producir una señal modulada en AM-DBL de valor $ACsen\alpha senw_m tsenwt$.

- A través de un segundo circuito de sintonización a la señal modulada AM-DBL anterior se le suma la señal sintonizada omnidireccionalmente a través de la antena de sentido $Bsenwt$, dando lugar a la señal completa en AM del diagrama cardiode de valor $B\left(1+\frac{AC}{B}sen\alpha senw_m t\right)senwt$. En esta última, B es la amplitud de portadora principal, $ACsen\alpha$ la amplitud de la moduladora principal y $\frac{AC}{B}sen\alpha$ el índice de modulación.

- Ahora, la señal de AM de frecuencia f_c se pasa a frecuencia intermedia de 142,5Khz mediante el conversor dado por el conjunto oscilador local y mezclador.

- AM de frecuencia intermedia se amplifica y pasa al detector de moduladora de frecuencia constante 110Hz. Una vez eliminado todo salvo la moduladora principal variable queda $ACsen\alpha senw_m t$.

- Se va a utilizar un motor bifásico alimentado a 110Hz: la fase de referencia se alimenta permanentemente con la salida del oscilador interno de 110Hz y la fase variable con la moduladora principal variable obtenida, de frecuencia también 110Hz; como ambas fases están desfasadas geométricamente 90°, sus alimentaciones deben estar desfasadas eléctricamente también 90°; por ello, la moduladora variable antes de aplicarla a la fase variable del motor se sincroniza con la aplicada a la fase de referencia y se amplifica añadiéndole un desfase de 90° respecto de ésta.

- El eje del motor bifásico gira siempre que en su estator exista campo magnético giratorio; esto será así siempre que sus dos fases estén alimentadas adecuadamente; es decir, cuando la fase variable no reciba alimentación el motor se para. Se observa que la amplitud de la fase variable se anula sólo cuando el ángulo α sea 0° 0 180°. Por otro lado, comprobar que el motor bifásico se encarga de mover el rotor del resolver RS y el rotor del sincrotransmisor de salida del receptor CX.

- Supuesto que cuando se realiza la sintonización inicial respecto del NDB la dirección de procedencia de la energía electromagnética α respecto del eje longitudinal de la aeronave no es nula y el RS del receptor parte de su posición de cero eléctrico. Entonces, el motor bifásico recibe alimentación adecuada en ambas fases, por lo que gira y mueve el rotor del RS; al hacerlo el valor interno de α va cambiando, hasta que llegado al punto en que la bobina del rotor del RS sea perpendicular al campo magnético en su estator, generará una salida nula, es decir con $\alpha = 0°$; es cuando el motor bifásico se para, dejando de mover el rotor del RS y además habiendo producido un giro total en el rotor del CX de salida de exactamente $\alpha°$.

- El valor α se translada al instrumento indicador eléctricamente mediante un circuito de control, proporcionando la denominada marcación ADF respecto del eje longitudinal de la aeronave.

En la *Figura_2.30* se han planteado algunos circuitos eléctrico-mecánicos basados en sincros, representativos de las funciones básicas del sistema *DF_203*:

- <u>Circuito de sintonización ADF</u>: circuito de control de posición con amortiguación por realimentación de velocidad. Se trata de controlar la posición de los núcleos de los transformadores de sintonización en el receptor girando el "*knob*" de sintonización en el panel de control. La amortiguación por realimentación de velocidad se consigue mediante un tacogenerador conectado al motor de salida del circuito que reduce su alimentación de forma proporcional a su inercia. (Ver circuitos de amortiguación más adelante).

2. Sistemas de Control Automático

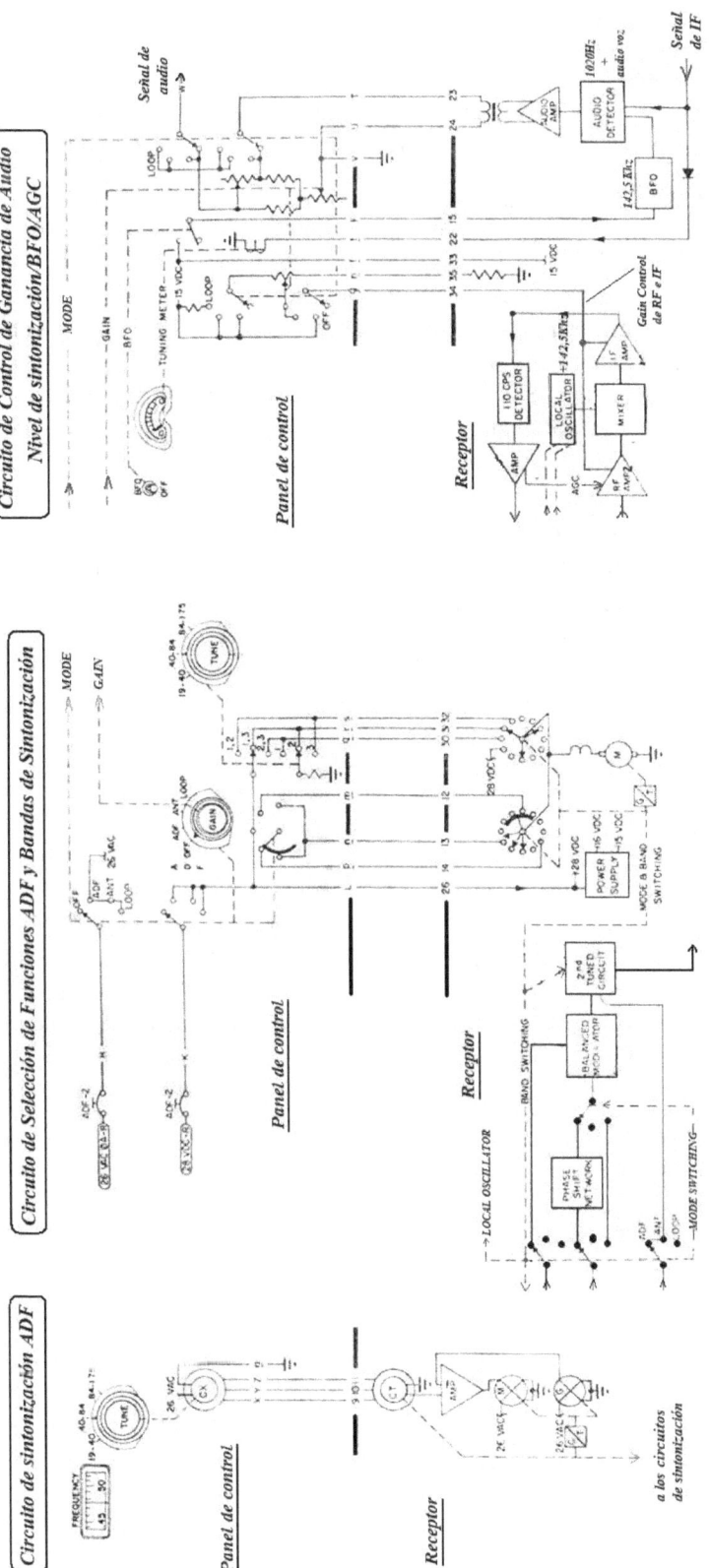

Figura 2.30 *Circuitos del DF-203 System Schematic: funciones básicas*

Sistemas de Vuelo Automático

- Circuito de selección de funciones ADF y bandas de sintonización: circuito eléctrico de conmutación que, a través de un motor eléctrico alimentado por corriente continua en el receptor ajusta la función seleccionada en el circuito de sintonización y, además, transmite a las etapas 1 y 2 de sintonización la información mecánica del transformador de sintonización que debe operar.

- Circuito de control de ganancia de audio/nivel de sintonización/AGC/BFO: mediante el control de "gain" se modifica la ganancia de las etapas amplificadoras de RF e IF; el nivel de sintonización de la señal de audio se observa en el "tuning_meter"; el AGC es una señal de salida en el amplificador de la moduladora principal variable (banda de base de 110Hz) que actúa sobre la ganancia de la etapa amplificadora de RF; al activar el BFO se añade a la señal de IF una señal continua ("cw") de amplitud constante y misma frecuencia, 142,5Khz: esto es así, cuando el NDB sintonizado es del tipo antiguo emitiendo sólo una señal entrecortada con la forma de su identificación morse; al añadirle a esta señal transladada a IF un nivel constante se genera una señal en AM completa; los NDB modernos emiten en AM y la señal de identificación ya va modulada, por lo que no es necesario añadir nada en el receptor.

Circuito de Control Manual del Loop

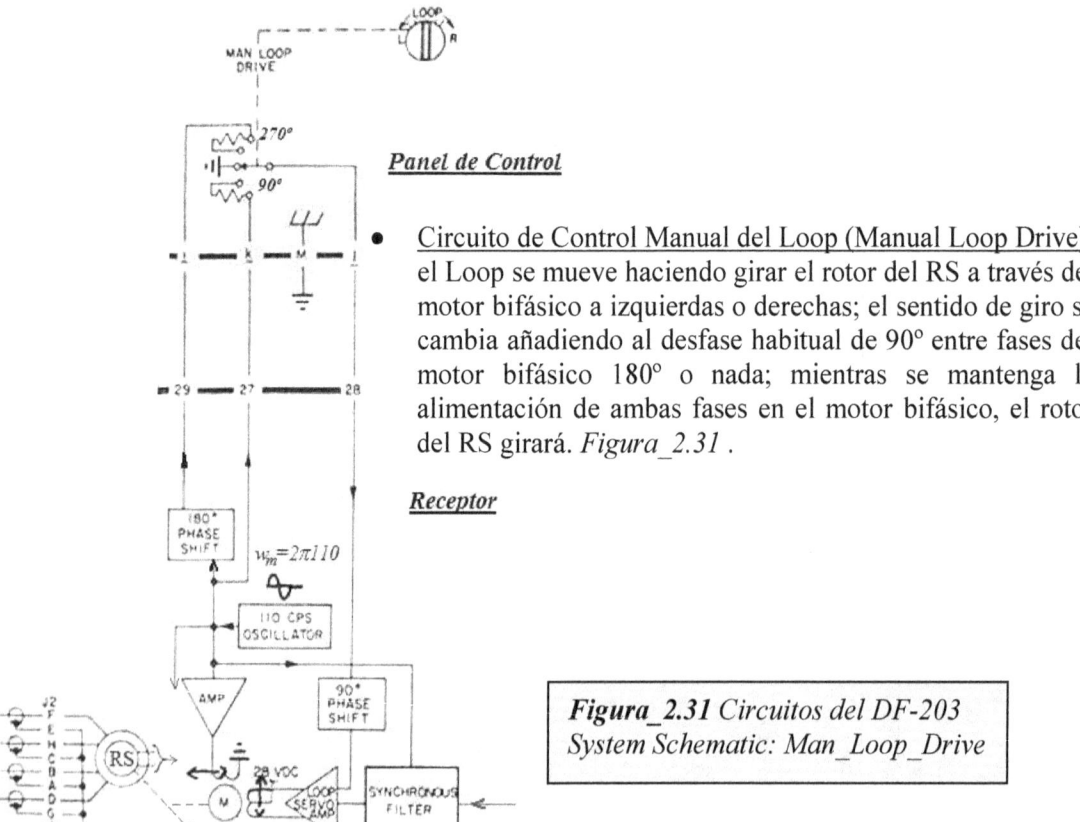

Panel de Control

- Circuito de Control Manual del Loop (Manual Loop Drive): el Loop se mueve haciendo girar el rotor del RS a través del motor bifásico a izquierdas o derechas; el sentido de giro se cambia añadiendo al desfase habitual de 90° entre fases del motor bifásico 180° o nada; mientras se mantenga la alimentación de ambas fases en el motor bifásico, el rotor del RS girará. *Figura_2.31* .

Receptor

Figura_2.31 Circuitos del DF-203
System Schematic: Man_Loop_Drive

2. Sistemas de Control Automático

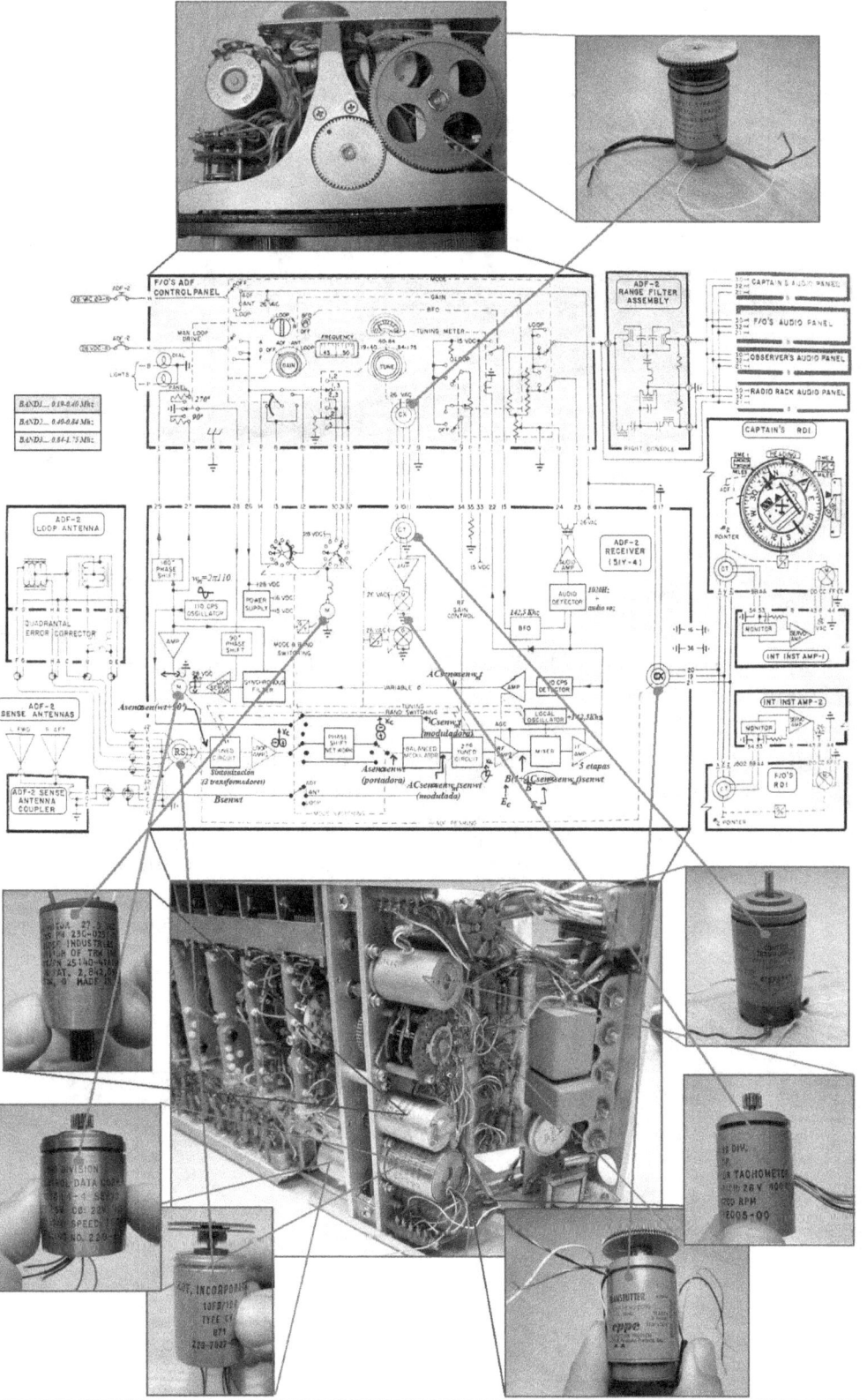

***Figura** 2.32 Localización de sincros y servomotores característicos del sistema DF-203*

2.3 Servomecanismos.

Puede definirse como un sistema de mando en lazo cerrado, donde lo más característico es que la entrada de una pequeña potencia controla la salida de una potencia proporcionalmente mucho mayor.

- Servomecanismo de Control de Posición.
- Servomecanismo de Control de Velocidad.
- Respuestas de los Servomecanismos.
- Amortiguamiento.

Características:

- Funcionamiento continuo. El sistema se corrige constantemente, mientras tenga alimentación.
- Detección de error basada en la diferencia entrada-salida. El sistema no funcionaría si se usara la diferencia inversa salida-entrada, que produciría una salida divergente.
- Amplificación de señales de error.
- Control de aproximación del circuito servo conseguido con la realimentación.

Se consideran fundamentalmente dos tipos de servomecanismos:

- <u>De control de posición</u>: hacer que el eje de salida siga fielmente los cambios en posición angular del eje de entrada; ambos ejes trabajan dentro de una misma vuelta, esto es, entre 0° y 360°.
- <u>De control de velocidad</u>: conseguir que un eje de salida mantenga unas rpm dadas por el eje de entrada.

2.3.1 Servomecanismo de Control de Posición

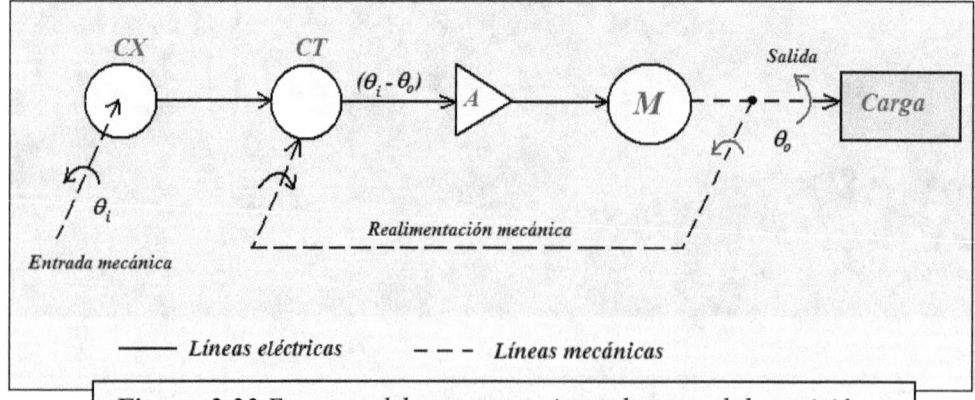

Figura_2.33 Esquema del servomecanismo de control de posición.

2. Sistemas de Control Automático

2.3.2 Servomecanismo de Control de Velocidad

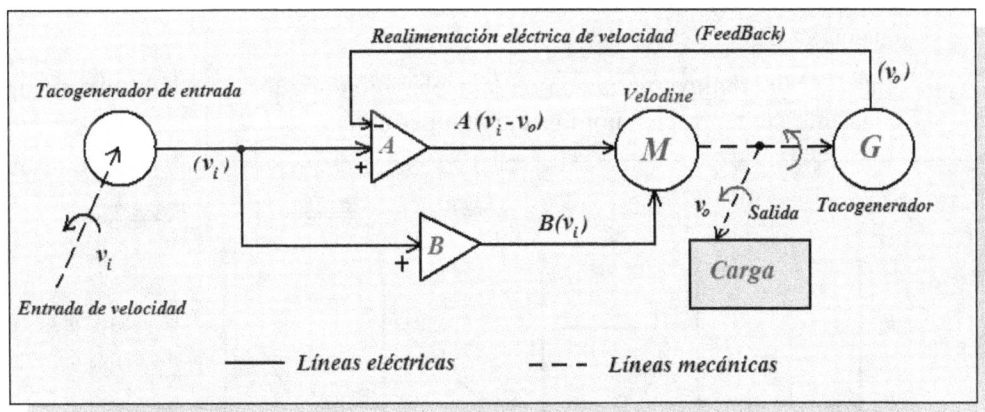

Figura_2.34 Esquema del servomecanismo de control de velocidad.

El circuito no trabaja ya con sincros, sino con dispositivos de velocidad angular que manejan rpm. La señal mecánica de entrada es una velocidad v_i aplicada sobre un tacogenerador de entrada. La carga adquiere la velocidad de salida v_o que intenta seguir a la velocidad de entrada mediante un servomotor especial denominado "velodine". Este servomotor utiliza dos conjuntos de bobinas en el estator, una para la señal principal o de referencia de velocidad (v_i) y otro devanado generador de aceleraciones proporcionales a una señal complementaria de entrada $(v_i - v_o)$. Cuanto mayor sea la diferencia entre las velocidades de entrada y salida, mayor será la alimentación para aceleración del velodine y viceversa; cuando ambas velocidades de entrada y salida se igualan, la alimentación de aceleración se anula y el velodine mantiene la velocidad de referencia.

2.3.3 Respuestas de los Servomecanismos

Se entiende por respuesta de un servomecanismo a una entrada mecánica concreta al comportamiento a lo largo del tiempo de la carga conectada, debido a dicha entrada. El tipo de respuesta de un servomecanismo depende de las características funcionales del circuito y del tipo de entrada mecánica aplicada. Por tanto, lo primero que hay que hacer es clasificar las diferentes entradas mecánicas posibles (Ver *Figura_2.35*):

- <u>Entrada Impulso</u>: pulso de duración instantánea, donde la posición inicial y final angulares son iguales.

- <u>Entrada Escalón</u>: paso de la posición angular inicial θ_0 a otra final θ_1 distinta en un tiempo instantáneo.

- <u>Entrada Rampa</u>: variación de la posición angular a lo largo del tiempo constante; es decir, existe una velocidad angular constante. Se representa por una línea recta de pendiente distinta de cero.

- Entrada Parabólica: variación de la velocidad angular a lo largo del tiempo constante; es decir, existe una aceleración angular constante. Se representa por una curva parabólica.
- Entrada Hiperbólica: variación de la aceleración angular a lo largo del tiempo constante. Se representa por una curva hiperbólica.

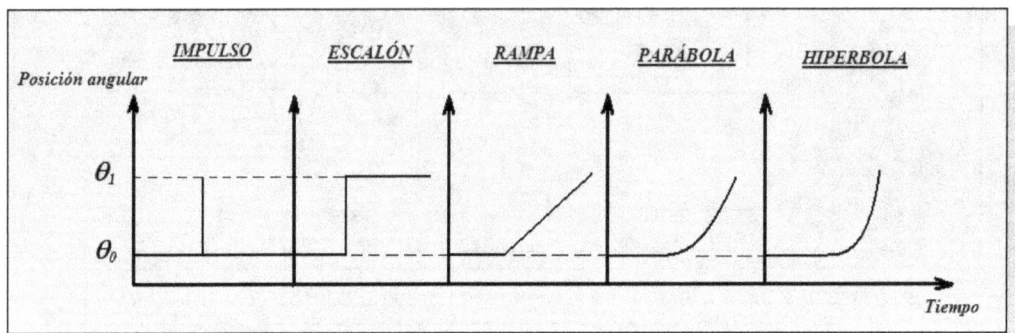

Figura_2.35 *Tipos de Entradas Mecánicas posibles.*

En función del tipo de entrada mecánica con la que vaya a trabajar el servomecanismo, así será su diseño operacional. Los servomecanismos más utilizados son los propuestos anteriormente:

- Servomecanismo de control de posición: trabaja con entradas escalón.
- Servomecanismo de control de velocidad: trabaja con entradas rampa.

Independientemente del tipo de entrada mecánica, la respuesta del servomecanismo siempre es oscilante: la salida del circuito intenta seguir en todo momento a la entrada, pero debido a la inercia de los componentes mecánicos, este seguimiento se realiza en forma de oscilaciones, de modo que la salida unas veces se pasa y otras no llega. Para describir el grado de bondad de la respuesta respecto de la entrada mecánica se utilizan una serie de parámetros característicos relación entre ambas; su definición estándar se obtiene sobre una respuesta oscilante a una entrada escalón:

- Amplitud máxima o máxima sobrelongación: descrita en porcentaje de lo que se ha pasado la respuesta respecto de la entrada estacionaria; suele venir dada por la amplitud de la primera oscilación. Por ejemplo, una sobrelongación del 10% representa que el pico máximo de la señal vale 110% respecto de la entrada estacionaria a alcanzar.
- Tiempo de alcance: tiempo que tarda la respuesta en alcanzar por primera vez el valor estacionario de la entrada.
- Canal de asentamiento: margen de oscilación permitido para la respuesta alrededor del valor estacionario de la entrada. Suele describirse como ±porcentaje respecto del valor estacionario de la entrada. Por ejemplo, un canal

de asentamiento del ±1% significa que la desviación máxima permitida respecto de la entrada estacionaria es de un 1% por encima y un 1% por debajo

- Tiempo de asentamiento: tiempo que tarda la respuesta en entrar por completo en el canal de asentamiento.

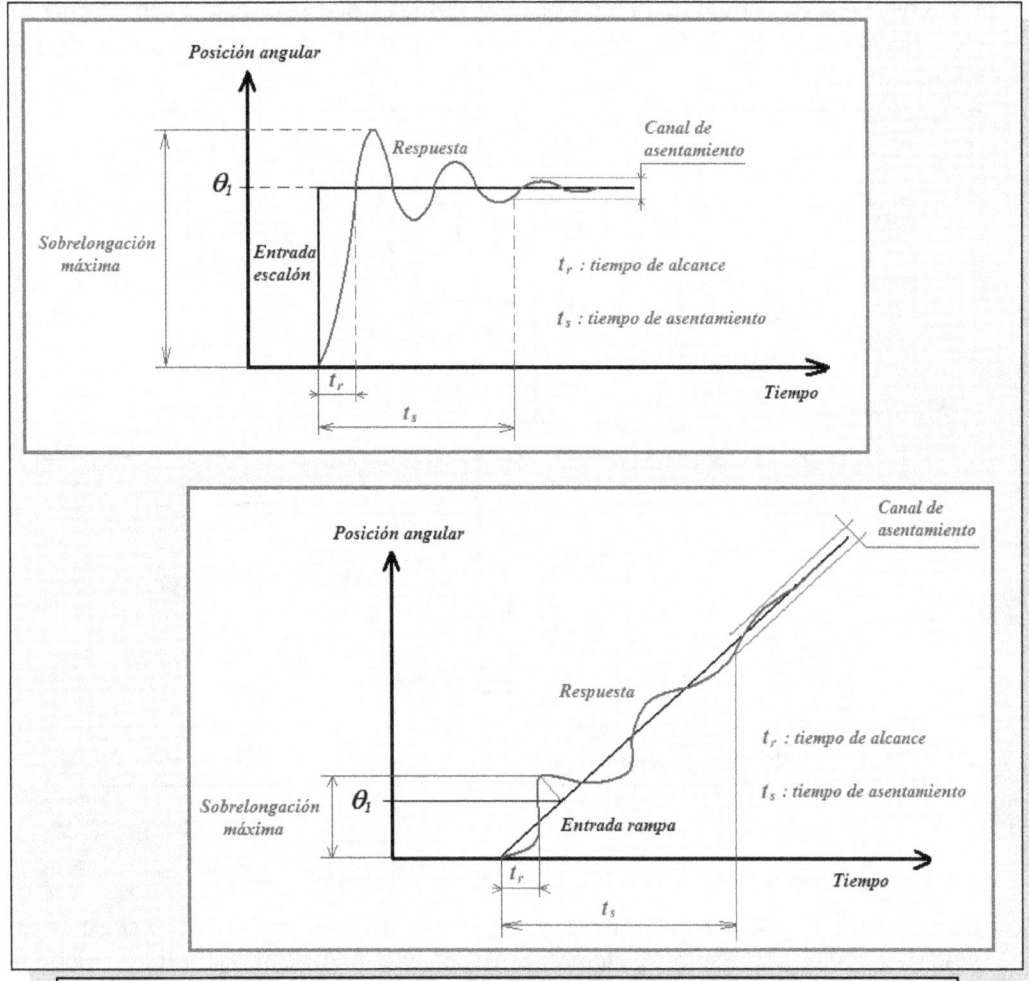

Figura_2.36 Respuestas y parámetros típicos a entradas escalón y rampa.

Las oscilaciones de las respuestas serían permanentes si no hubiera pérdidas por fricción.

2.3.4 Amortiguamiento

Procedimiento físico complemento del circuito de control utilizado para reducir la amplitud de las oscilaciones de respuesta al máximo en el menor tiempo posible. Se trata de conseguir un tiempo de asentamiento lo más parecido posible al tiempo de alcance.

2.3.4.1 Amortiguamiento Viscoso.

Disco acoplado al eje de salida del servomecanismo al que se obliga a girar entre las armaduras de un electroimán. Las corrientes parásitas inducidas en el disco por efecto del campo magnético del electroimán, producen fuerzas de fricción proporcionales al par del servomotor que reduce su velocidad de rotación. La energía sobrante por la inercia característica del servomecanismo es absorbida por el disco en forma de sobrecalentamiento por fuerzas de rozamiento. Gasto considerable de energía disipada en forma de calor.

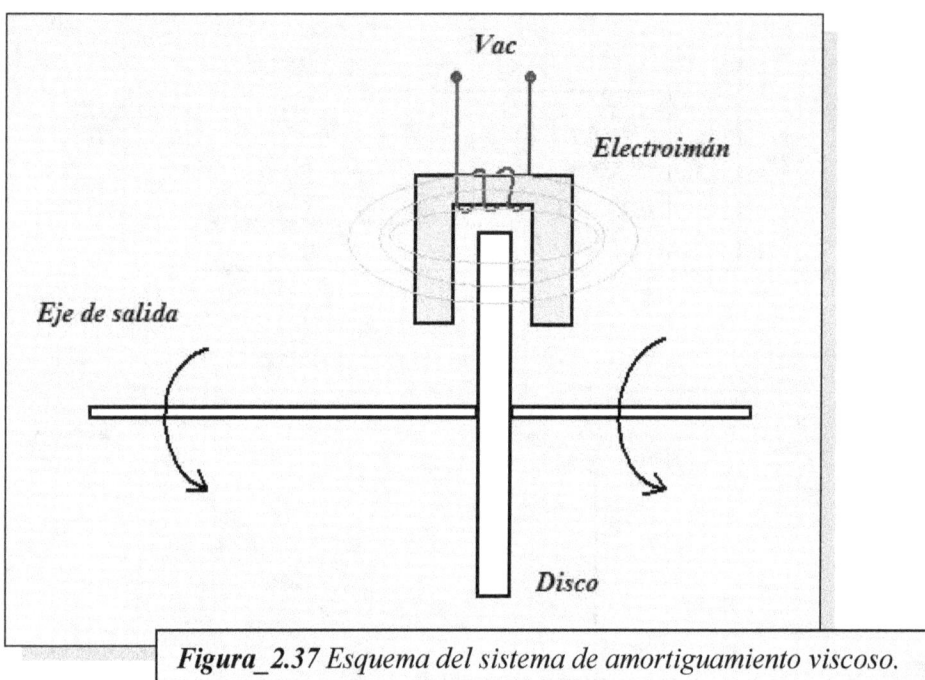

Figura_2.37 Esquema del sistema de amortiguamiento viscoso.

2.3.4.2 Amortiguamiento de Realimentación de Velocidad.

Utilizado para el circuito de control de posición, esto es, en servomecanismos con entradas escalón. La amortiguación consiste en modificar la alimentación del servomotor de salida acoplado a la carga en función de su velocidad, considerada negativamente mediante realimentación eléctrica:
- A altas velocidades se anula la alimentación del servomotor mucho antes de que se alcance la posición de salida adecuada, ya que tendrá elevada inercia y, aún así se pasará.
- A bajas velocidades se anula la alimentación del servomotor poco antes de que se alcance la posición de salida adecuada, ya que tendrá baja inercia y se pasará poco.
- Cuando el motor se pasa, el tacogenerador produce una señal eléctrica de signo contrario, por lo que ahora arrancamos el motor en sentido contrario con una alimentación mucho mayor al sumársele la realimentación eléctrica.

2. Sistemas de Control Automático

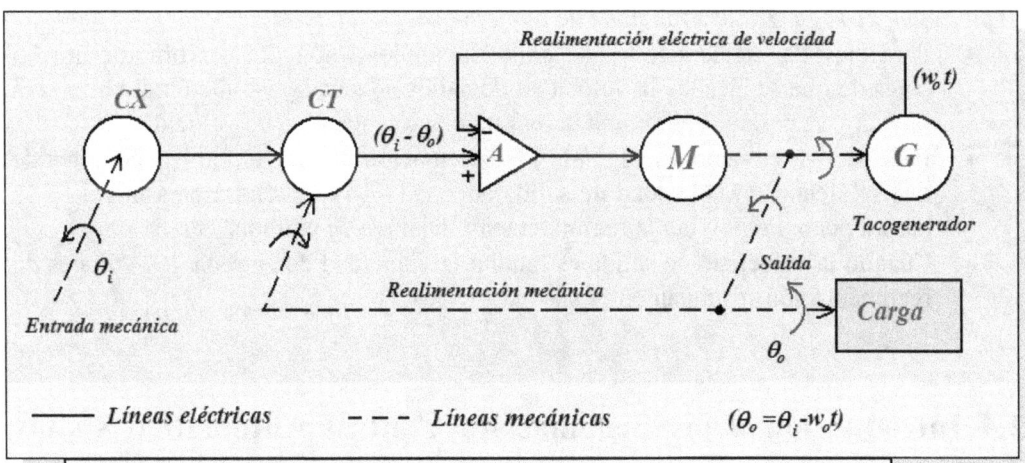

Figura_2.38 Esquema del servomecanismo de control de posición con amortiguamiento de realimentación de velocidad.

2.3.4.3 Amortiguamiento de Realimentación de Error-Velocidad.

Utilizado para el circuito de control de velocidad, es decir, en servomecanismos con entradas rampa. La amortiguación consiste en modificar la alimentación del servomotor de salida tipo "velodine" acoplado a la carga en función de su aceleración, de dos formas:
- considerada negativamente mediante realimentación eléctrica de "feedback"; se nombra como realimentación de velocidad de valor $v_o = \alpha_o t$;
- considerada positivamente mediante realimentación eléctrica de "feedforward"; se nombra como realimentación de entrada de valor v_i.

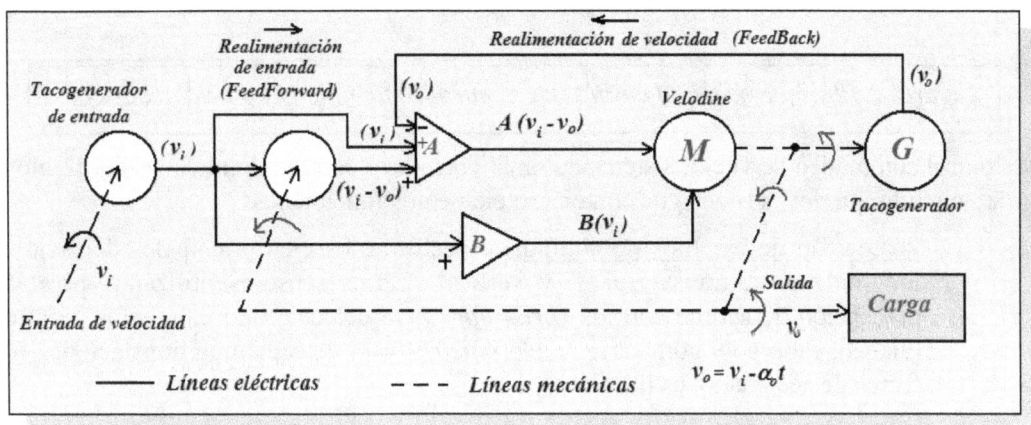

Figura_2.39 Esquema del servomecanismo de control de velocidad con amortiguamiento de error- velocidad.

El sistema (ver *Figura_2.39*) funciona de manera que,
- Para elevadas aceleraciones se anula la alimentación del servomotor mucho antes de que se alcance la velocidad de salida adecuada, ya que tendrá excesiva inercia y se pasará. Predomina la realimentación negativa de velocidad.
- Para bajas aceleraciones se anula la alimentación del servomotor poco antes de que se alcance la velocidad de salida adecuada, ya que tendrá baja inercia y se pasará poco. Predomina la realimentación positiva de entrada.
- Cuando la velocidad de salida es igual a la velocidad de entrada, los voltajes de realimentación se anulan entre sí.

2.4 Introducción a los Sistemas de Control Automático en las Aeronaves

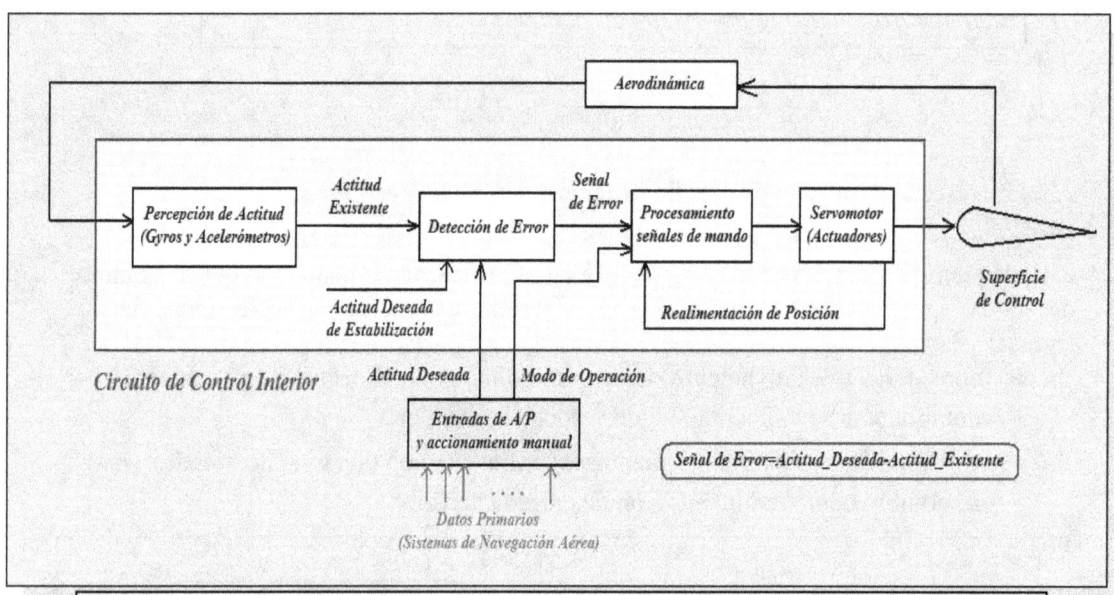

Figura_2.40 Esquema de un circuito de Control Automático de Vuelo genérico.

Control automático de vuelo: sistema automático en lazo cerrado donde la estabilización del circuito interior[3] se consigue con cuatro elementos funcionales:

1. <u>Percepción de cambios de actitud</u>: respecto de los ejes principales del avión, longitudinal X, transversal Y y vertical Z. Los sensores utilizados para la percepción de actitud son los **Giróscopos** para detección de momentos de giro (alabeo, cabeceo y guiñada) y **acelerómetros** para detección de translaciones en forma de aceleraciones lineales.

---

[3] Se entiende por estabilización del circuito interior la que proporciona en definitiva aumento de estabilidad de la aeronave. Se dice que una aeronave es estable cuando se encuentra en situación de equilibrio en vuelo rectilíneo horizontal, con las alas niveladas y aproada al viento.

2. **Detección y transmisión de la señal de mando (command)**: circuitos generadores de la señal de error definida como diferencia entre la actitud requerida y la actitud percibida o existente. Circuitos basados en Sincros.
3. **Procesamiento de la señal de mando**: se aplican diferentes procedimientos para tratamiento de la señal de error, en función de los requerimientos globales del sistema. Como mínimo incluye amplificación.
4. **Conversión de señales de mando en fuerza de control**: a través de los actuadores (servomotores) se aplica potencia a las superficies de control de la aeronave. La potencia canalizada puede ser de tipo eléctrico, neumático o hidráulico. La señal de control de los actuadores siempre es eléctrica.

Un AFCS tiene tantos circuitos de control (canales) como número de ejes a controlar. Lo normal es que sea un sistema biaxial; el monoaxial se utiliza cuando se requiere un sistema económico. Se consideran tres tipos de sistemas ACS en las aeronaves, en función del número de canales que tenga:

- *Monoaxial*: Cuando se requiere un sistema económico se escoge para mantener de forma automática uno de los dos canales principales (cabeceo o alabeo). Aplicación en aviación ligera.
  - de control de actitud de alabeo: las superficies de control son los alerones ; el modo característico de alabeo es el denominado de nivelación de alas ("levelling" o LVL).
  - de control de actitud de cabeceo: las superficies de control son los timones de profundidad; el modo característico de cabeceo es el denominado de mantenimiento de altitud (ALT HOLD).
- *Biaxial*: controles de actitud en alabeo (alerones) y cabeceo (timones de profundidad) independientes. Habitualmente, dentro de cada canal hay más de una posibilidad de control de la aeronave: *modos de operación*; cuando un sistema tiene el control, es decir, se encuentra en un modo de operación concreto (sólo uno a la vez), se nombra ese sistema como sistema acoplado ("engaged"); los demás permanecen en "standby". Los modos de operación prioritarios, tanto en canal de alabeo, como en canal de cabeceo, son los denominados ***modos de control manual***: el sistema de vuelo automático está activo, pero el piloto puede introducir en cualquier momento un alabeo o cabeceo a través del panel de control de vuelo automático usando unas ruedas moleteadas específicas para viraje o cabeceo; cada rueda está enganchada en su posición central de retén en condiciones normales; en esta posición, el sistema de "interlock" proporciona prioridad de acoplamiento a los otros sistemas de cada canal, pero cuando se mueven las ruedas, da prioridad al movimiento introducido por éstas, equivalente a un viraje o cabeceo concretos; se utilizan cuando se quieren cambios mínimos de nivel de vuelo o de dirección (rumbo), sin necesidad de desacoplar el A/P. Las ruedas moleteadas se mueven físicamente con el pulgar. El movimiento final conseguido es proporcional a la rotación introducida a través de las ruedas. Una vez que el piloto deja de girar la rueda y se genera la maniobra de vuelo requerida, el sistema se estabiliza e interpreta que se vuelve a su posición central de retén, por lo que el interlock acopla de nuevo el sistema que antes tenía el control. El interlock consiste en

una serie de interruptores y conmutadores usados para definir distintas posiciones de los controles para enviar las señales adecuadas en función del modo de operación que tenga el control.
- ➢ **Canal de alabeo**: los modos de operación básicos por orden de prioridad son:
  1. **Control manual de viraje**: nivelación de alas o introducción de corrección de dirección manual utilizando la rueda de control manual en el panel de control de vuelo automático; rueda posicionada horizontalmente con marcas de izquierda (L), posición central de retén y derecha (R).
  2. **Control direccional** (autónomo): asociado a los denominados *sistemas direccionales*, esto es, aquellos utilizados para mantenimiento de rumbo. Se consigue utilizando sistemas sencillos, como el de telebrújula, o bien complejos, como el AHRS ("Attitude Heading and Reference System")o el IRS ("Inertial Reference System").
  3. **Control radioacoplado** (no autónomo): sistemas basados en señales de radio externas, es decir, que requieren sintonización de señales procedentes de estaciones exteriores como el VOR/VHF_NAV, ILS o sistemas que utilizan constelaciones de satélites.
- ➢ **Canal de cabeceo**: los modos de operación básicos por orden de prioridad son:
  1. **Control manual de cabeceo**: corrección del nivel de vuelo manual utilizando la rueda de control manual en el panel de control de vuelo automático; rueda posicionada verticalmente con marcas de abajo (D), posición central de retén y arriba (U).
  2. **Control de mantenimiento de altitud** (ALT HOLD): asociado a los denominados *sistemas de mantenimiento de altitud*, esto es, aquellos utilizados para cambiar de nivel de vuelo o mantener uno ya alcanzado. Se consigue utilizando datos aire procedentes de los sistemas independientes de datos aire o bien de los ADR ("Air Data Reference").
- **Triaxial**: control automático de la actitud de la aeronave respecto de sus tres ejes característicos; es decir, utiliza tres canales de control independientes.

Funciones de un AFCS (Ver *Figura_2.40*):

1. **Estabilización** (básica). Basada en el Circuito de Control Interior: cuando aparece una perturbación produce alteración en la actitud de la aeronave; los sensores perciben la actitud existente y, a través del detector de error se genera una señal de error basada en la diferencia entre la actitud deseada de estabilización y la actitud existente; procesada adecuadamente, la señal de error se convierte en la señal de control de los actuadores que mueven las superficies de control; el movimiento de la aeronave induce una reducción en la señal de error que terminará por anularse, consiguiendo de nuevo la estabilización de la aeronave.
2. **Control del vuelo**: se trata de generar de forma automática maniobras para cambios de actitud voluntarios en vuelo. Para ello se utiliza el denominado

2. Sistemas de Control Automático

Circuito de Control Exterior. El elemento primario del circuito de control exterior es el Panel de Control de Vuelo (FCU); incorpora una serie de pulsadores y ruedas para selección de parámetros y valores, con los que se activan los diferentes modos de operación de control automático. Al acoplar un modo de operación hay que indicarle al Circuito de Control Interior que trabaje con una determinada señal de actitud deseada, eliminando la actitud deseada de estabilización primaria que usa habitualmente. Salvo en el modo de operación "mando con el volante" (CWS o "Control Wheel System"), aplicar fuerzas directamente sobre los mandos de vuelo es considerado por la función primaria de estabilización del AFCS como perturbaciones y, por tanto, actúa rechazándolas.

2.5 Compensación y Sincronización.

El AFCS de una aeronave debe hacerse cargo del vuelo cuando:

- La aeronave esté compensada para la actitud de vuelo deseada.
- El AFCS esté sincronizado para mantener la actitud de vuelo existente.

De esta forma, se consigue una puesta en servicio del sistema automático suave, sin tirones.

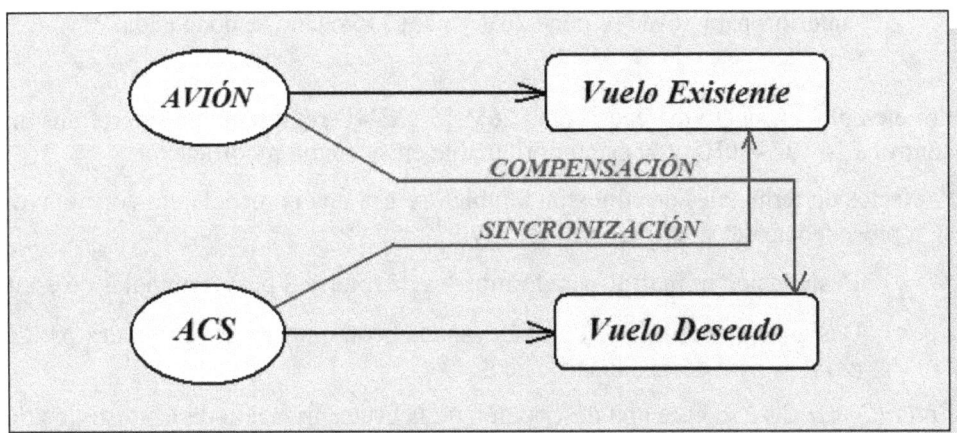

Figura_2.41 Relación entre Compensación y Sincronización.

AFCS "disengaged" (desacoplado): los elementos perceptores de actitud siguen funcionando y se generan órdenes de mando a los servomotores, aunque no estén acoplados.

AFCS "engaged" (acoplado o embragado): se produce la aplicación de fuerza de control a través de los actuadores.

2.6 Anexo de sincros

Hemos visto que los sincros son dispositivos que convierten posiciones angulares de un eje mecánico en señales eléctricas y viceversa, por lo que su aplicación principal es la transmisión de datos, sea simple o diferencial.

Designaciones y Códigos de Colores:

Existen códigos de designación de sincros militar y civil. En el más extendido, el militar se trata de identificar el sincro por sus dimensiones, tipo de operación y tensión y frecuencia de alimentación. El código militar se describe ordenado del siguiente modo:

- 2 dígitos que indican el diámetro del sincro en décimas de pulgada.
- Letra C o T para indicar si se trata de Control o de Torsión.
- Letra de operación funcional: transmisor (X), receptor (R), transformador (T), diferencial (D); el resolver es una excepción con nomenclatura RS.
- Si el estator es físicamente orientable se añade la letra B.
- La frecuencia de alimentación se representa con un 6 para 60Hz o un 4 para 400Hz.
- Una letra indicativa de modificaciones del diseño: la A es para el original, la B para el siguiente y, así sucesivamente. No se usan las letras I, L, O y Q.
- La tensión de alimentación aparece como prefijo de todo el código completo anterior: para 26vac se pone 26V y para 115vac no se pone nada.

Por ejemplo, un sincro marcado como 26V-15CXB4D representa un sincrotransmisor de control a 26 vac 400Hz, con estator orientable en su cuarta modificación.

A efectos de terminales de conexión también se usa una nomenclatura concreta, distinta si la procedencia del sincro es militar o civil:

- Designación militar: R para terminales de rotor y S para terminales de estator.
- Designación civil: (H,C) para devanados con número de terminales par (2 o 4); (X,Y,Z) para devanados trifásicos.

En la *Figura_2.42* se hace una descripción de la estandarización de los distintos tipos de sincros según su designación de terminales y códigos de colores.

El Cero Eléctrico:

Es la posición del rotor respecto del estator, para la cual se cumple que:

- la tensión inducida en el secundario es mínima;
- la tensión inducida en el secundario está aproximadamente en fase con la tensión aplicada en el primario.

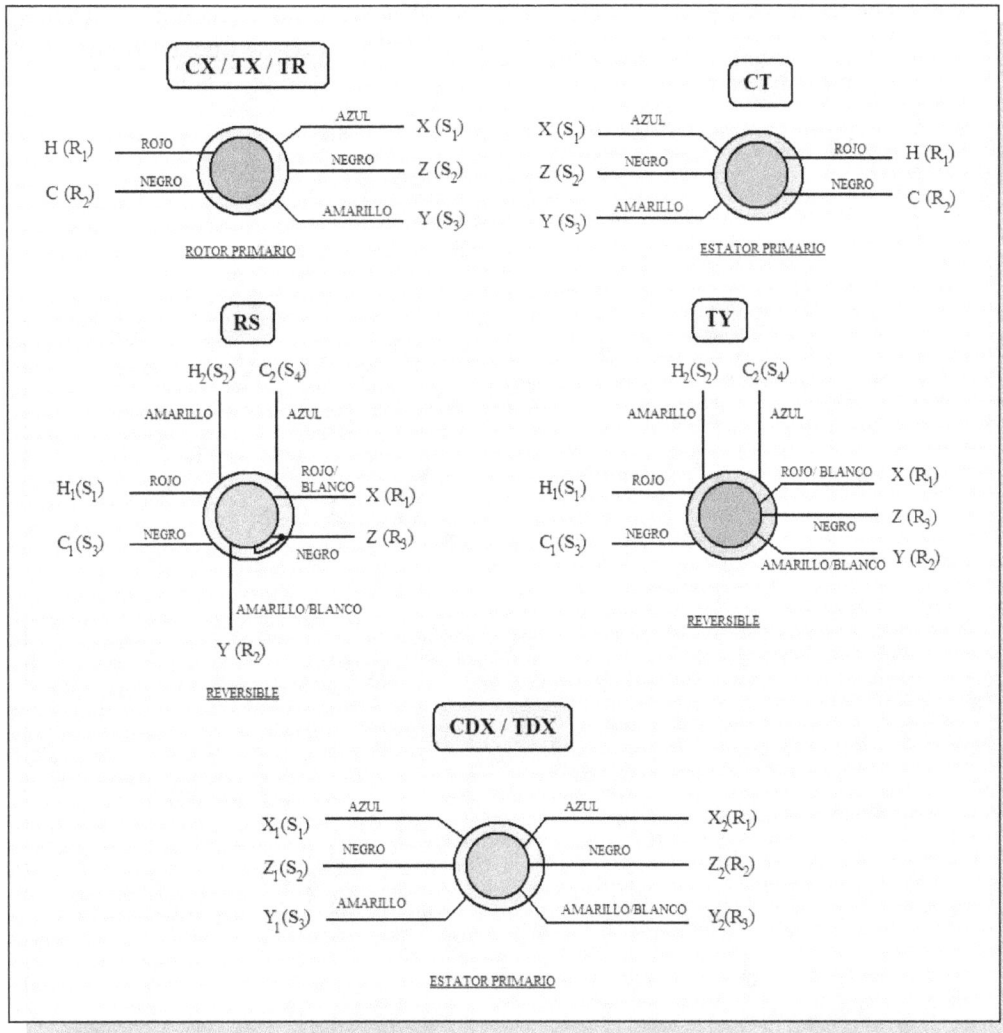

Figura_2.42 Designación y Códigos de Colores de sincros típicos.

Como existen dos posiciones de mínima tensión en el secundario, separadas 180°, la correcta será la que proporciona un desfase mínimo entre ambos devanados primario y secundario. La posición exacta del cero eléctrico se consigue en la práctica usando dos etapas de ajuste, denominadas:

- *ajuste basto*, para localización del semiplano adecuado donde las tensiones de secundario y primario van a estar en fase;
- *ajuste fino*, dentro del semiplano localizado anteriormente, para encontrar la tensión mínima de secundario.

Observar que para la localización del cero eléctrico es necesario en la práctica:

Sistemas de Vuelo Automático

- Tener una marca de partida en la carcasa del sincro (estator), con la que vamos a alinear otra que fijaremos en el eje del rotor una vez que encontremos la posición del cero eléctrico.
- Utilizar alimentación de referencia típica del sincro (por ejemplo, 26 vac 400Hz).
- Usar un voltímetro para medida de tensiones ac (VTM).

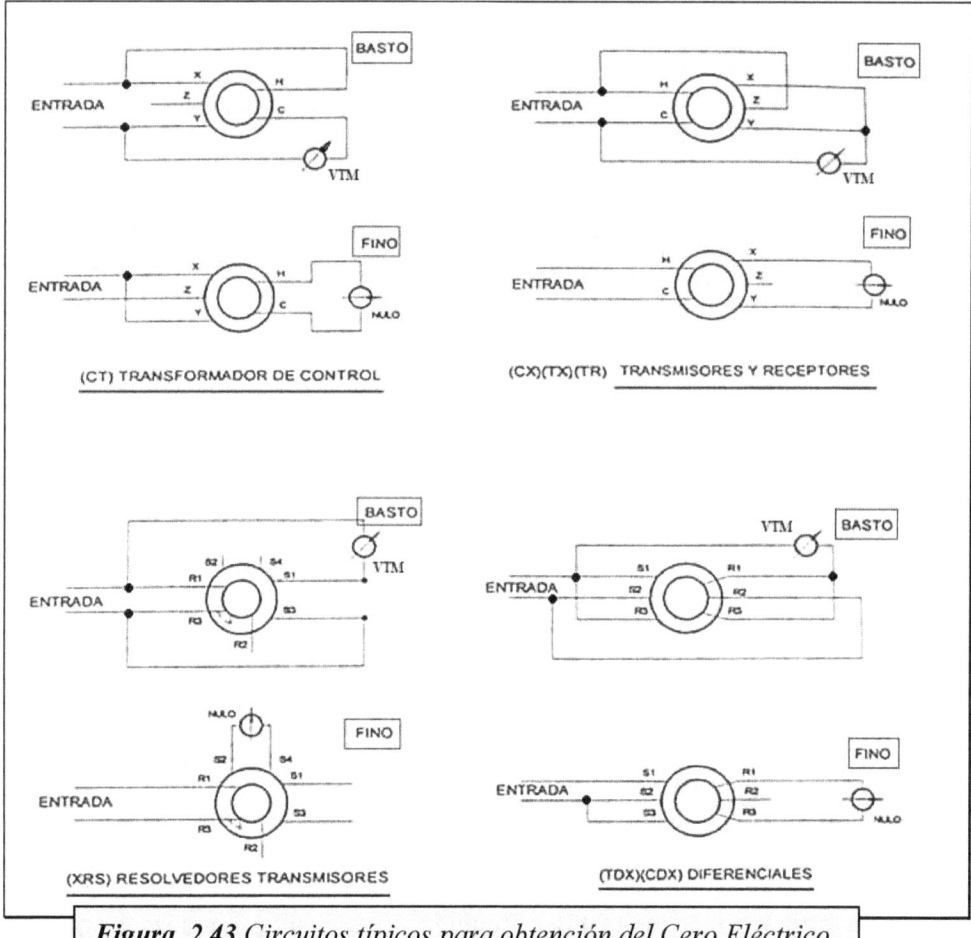

Figura_2.43 Circuitos típicos para obtención del Cero Eléctrico.

Por otro lado, los circuitos específicos para ajustes basto y fino van a depender del tipo de sincro a calibrar. Ver *Figura_2.43* donde se plantean los circuitos de ajuste más típicos. En esta *Figura_2.43* se puede ver que,

- para el ajuste basto siempre se conecta una parte de la salida con la entrada, que recibe la alimentación de referencia; además, el VTM se conecta entre terminales de entrada y salida;
- para el ajuste fino nunca hay conexión de la alimentación de referencia físicamente, que se aplica sólo sobre la entrada; además, el VTM se conecta entre terminales sólo de la salida.

Fallos en un Circuito típico: supuesto un circuito basado en sincros donde los elementos que lo constituyen funcionan adecuadamente de forma individual. En la práctica, son habituales las denominadas cartas de averías de cableado. Si los sincros dentro del circuito no se cablean como se debe, el circuito no operará correctamente. Para encontrar una avería por cableado incorrecto entre pares de sincros es necesario observar dos cosas:

- corrección del sentido de giro de uno respecto del otro;
- desviación entre ceros eléctricos de ambos sincros; es decir, cuando uno está en el cero eléctrico el otro sincro también debe estar en su cero eléctrico.

Con la información dada por estas dos observaciones se entra en la carta de averías por cableado, función del tipo de pares de sincros que se está comprobando y, se obtiene un resultado probable asociado a la diagnosis realizada. Ver ejemplo en la *Figura_2.44* en donde se presenta la carta de averías por cableado en un par TX-TR.

Por último, en las *Figuras_2.45, 2_46 y 2_47* se presentan ejemplos de algunos sincros, servomotores y otros elementos, como inversores estáticos o motores de DC, característicos de los circuitos basados en sincros.

Bibliografía Complementaria.

Otros lugares de consulta de este tema pueden ser:
- *"Control automático de Vuelo"*. Capítulo_2. E.H.J. Pallett. Paraninfo.
- *"Instrumentos de abordo"*. Iberia.

NOTA: en la última página de este libro se incluyen fotografías de los componentes de un banco para Test y reparación de receptores de ADF. Son elementos construidos con circuitos como los propuestos a lo largo de todo este trabajo.

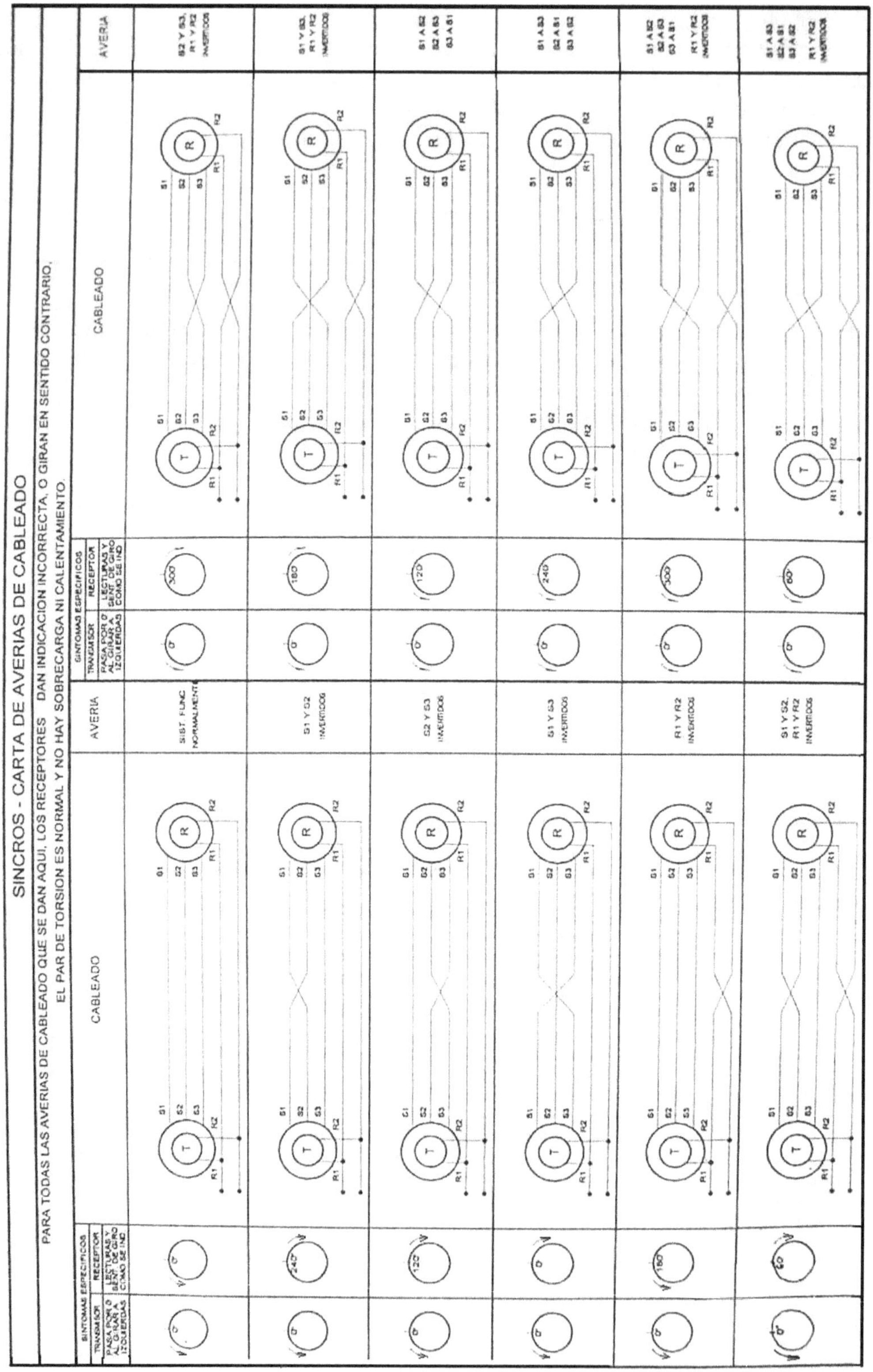

Sistemas de Vuelo Automático

Figura_2.44 *Carta de Averías por Cableado para el par TX-TR*

2. Sistemas de Control Automático

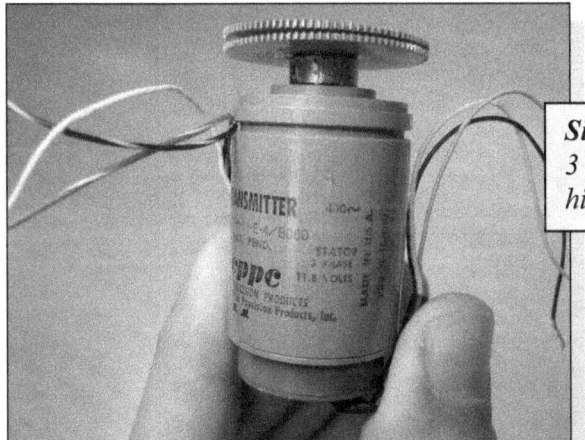

Sincrotransmisor de Torsión TX:
3 hilos_estator, 2 hilos_rotor y 1 hilo núcleo rotor

Sincrotransmisor de Control CX:
3 hilos_estator, 2 hilos_rotor y 1 hilo núcleo rotor

Transformador de Control CT:
3 hilos_estator, 2 hilos_rotor.

Figura_2.45 *Algunos Sincros típicos.*

Sistemas de Vuelo Automático

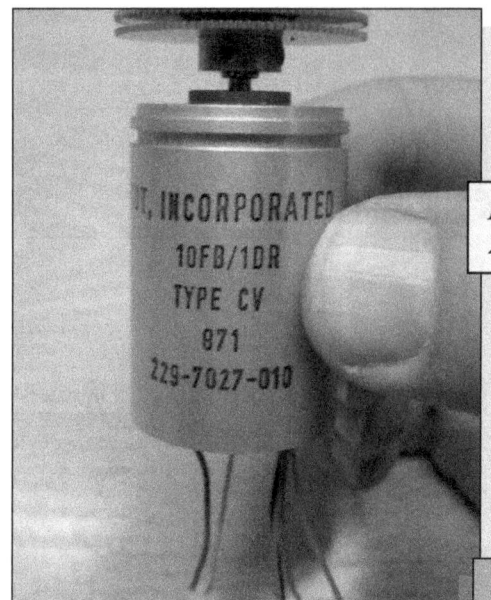

Revolvedor RS: 4 hilos_estator, 2 hilos_rotor

Servomotor: 4 hilos_estator (F0 y C0), 2 hilos_rotor. 105Hz. 1600rpm.

Servomotor-Tacogenerador: 4 hilos_estator (F0 y C0 comunes), 4 hilos_rotor independientes. 400Hz. 6200rpm.

Figura_2.46 *Algunos sincros y servomotores típicos.*

2. Sistemas de Control Automático

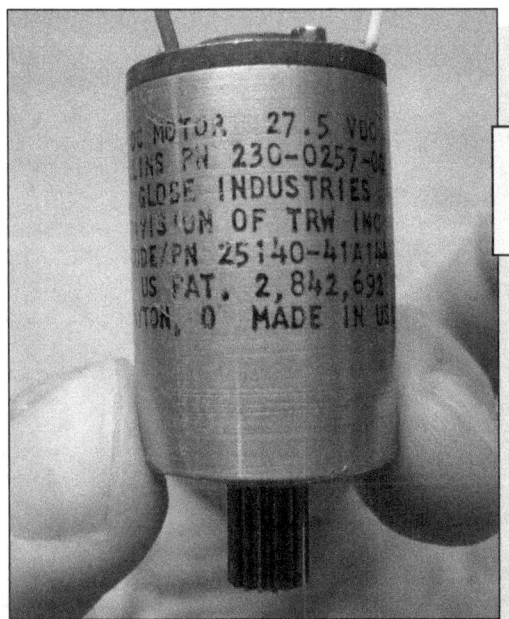

Servomotor DC: estator de imán permanente, 2 hilos_rotor. 27,5vdc.

Inversor Estático DC-AC: entrada 28vdc, salida 26vac 400Hz. Uso común test de sincros.

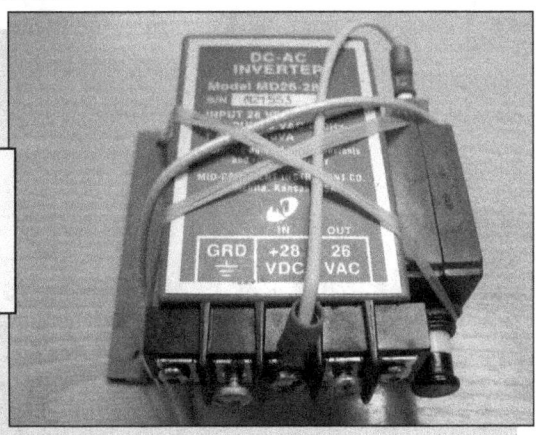

Figura_2.47 *Otros elementos típicos en circuitos de sincros.*

Sistemas de Vuelo Automático

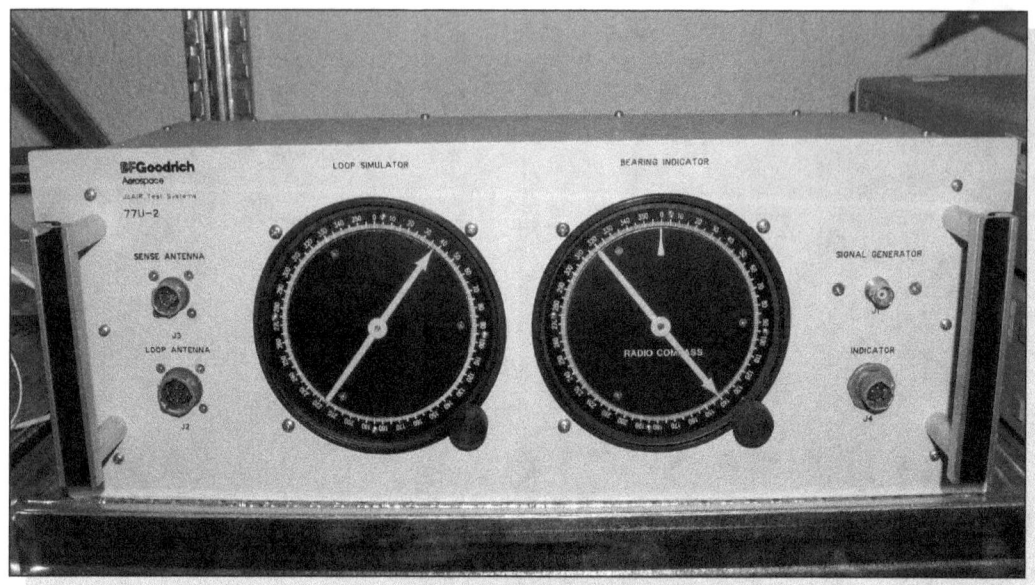

Equipo Simulador de conjunto de antenas ADF.

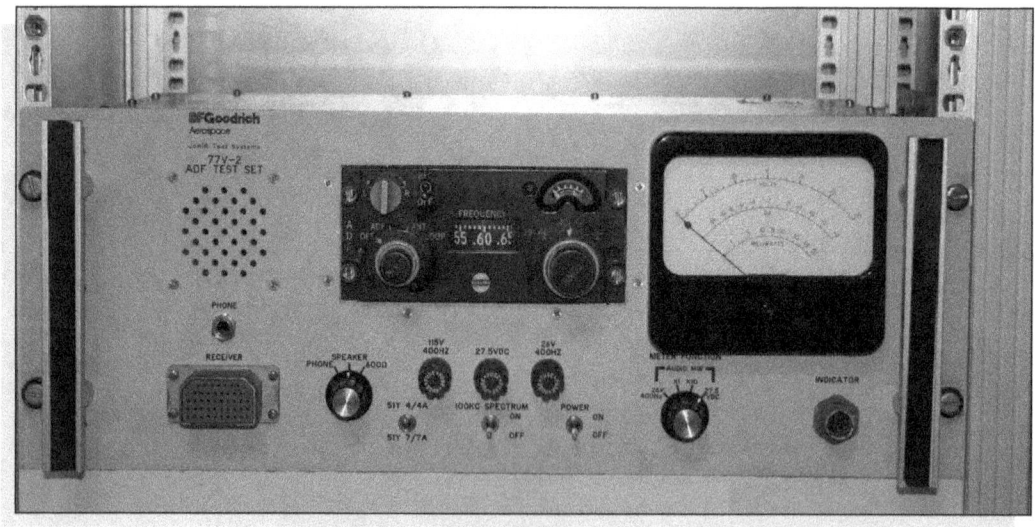

Equipo para verificación y reparación de receptores de ADF.

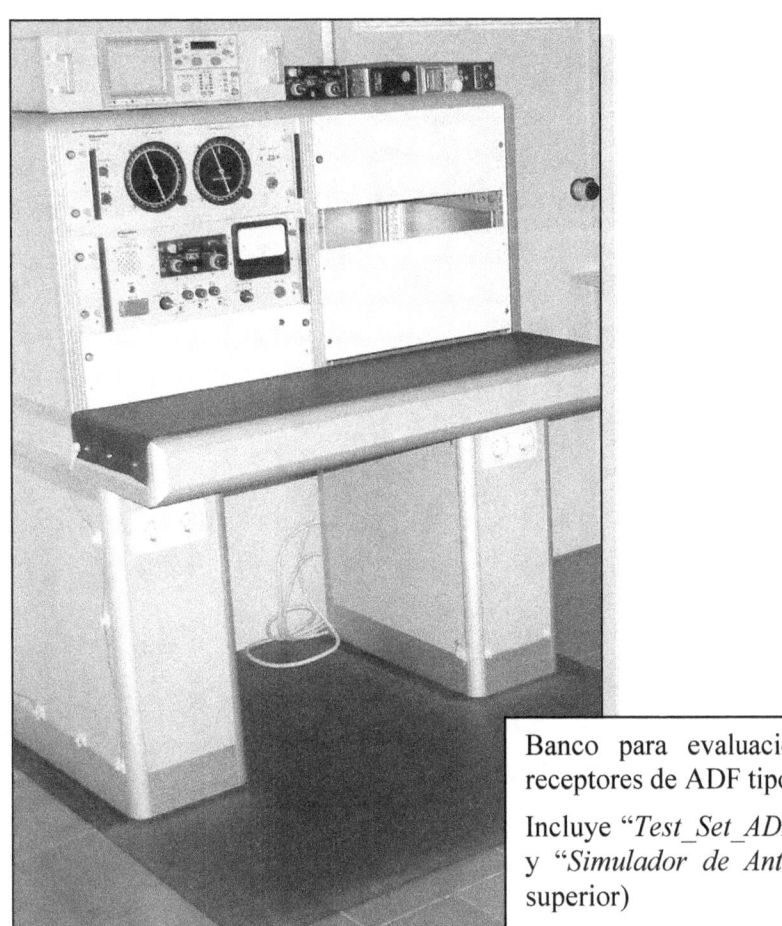

Banco para evaluación y reparación de receptores de ADF tipo *51Y-4* o *51Y-7*.

Incluye "*Test_Set_ADF*" (módulo inferior), y "*Simulador de Antenas ADF*" (módulo superior)

SISTEMAS DE VUELO AUTOMÁTICO EN LAS AERONAVES (VOL1)

COLECCIÓN MANTENIMIENTO DE AERONAVES

1ª Edición

www.lulu.com/spotlight/inercia
www.avionicabarajas.blogspot.com

© Javier Joglar Alcubilla. Septiembre_2013

www.ingramcontent.com/pod-product-compliance
Lightning Source LLC
Chambersburg PA
CBHW080932170526
45158CB00008B/2256